Wissenschaftliche Taschenbücher WTB

Chemie

Hans-Martin Barchet

Chemie photographischer Prozesse

WTB Wissenschaftliche Taschenbücher

ROLF BORSDORF / MANFRED SCHOLZ
Spektroskopische Methoden in der organischen Chemie

WERNER HABERDITZL
Magnetochemie

GERHARD HEBER
Mathematische Hilfsmittel der Physik, Teil I und II

A. A. SOKOLOW
Elementarteilchen

HEINZ AHRENS
Varianzanalyse

HANS-JÜRGEN TREDER
Relativität und Kosmos
Raum und Zeit in Physik, Astronomie und Kosmologie

ALBERT EINSTEIN
Grundzüge der Relativitätstheorie

ALBERT EINSTEIN
Über die spezielle und die allgemeine Relativitätstheorie

GÜNTHER LUDWIG
Wellenmechanik. Einführung und Originaltexte

HARRY PAUL
Lasertheorie, Teil I und II

FRANZ RUDOLF KESSLER
Einführung in die physikalischen Grundlagen der Kernenergiegewinnung

D. TER HAAR
Quantentheorie. Einführung und Originaltexte

J. H. SANDERS
Die Lichtgeschwindigkeit. Einführung und Originaltexte

JEAN KUNTZMANN
Unendliche Reihen
Mathematische Hilfsmittel der Physik und Chemie
Mit 94 Übungen und 29 Aufgaben

JEAN KUNTZMANN
Systeme von Differentialgleichungen
Mathematische Hilfsmittel der Physik und Chemie
Mit 88 Übungen und 40 Aufgaben

JEAN KUNTZMANN
Komplexe Veränderliche
Mathematische Hilfsmittel der Physik und Chemie
Mit 90 Übungen und 37 Aufgaben

FERDINAND CAP
Einführung in die Plasmaphysik
I. Theoretische Grundlagen

FERDINAND CAP
Einführung in die Plasmaphysik
II. Wellen und Instabilitäten

FERDINAND CAP
Einführung in die Plasmaphysik
III. Magnetohydrodynamik

J. A. ROSANOW
Wahrscheinlichkeitstheorie

HARRY PFEIFER
Theorie linearer Bauelemente
Elektronik für den Physiker I

HARRY PFEIFER
Die Elektronenröhre
Elektronik für den Physiker II

HARRY PFEIFER
Schaltungen mit Elektronenröhren
Elektronik für den Physiker III

HARRY PFEIFER
Leitungen und Antennen
Elektronik für den Physiker IV

HARRY PFEIFER
Mikrowellenelektronik
Elektronik für den Physiker V

HARRY PFEIFER
Halbleiterelektronik
Elektronik für den Physiker VI

SIEGFRIED HAUPTMANN
Über den Ablauf organisch-chemischer Reaktionen

GERHARD HÜBNER / KLAUS JUNG / ECKART WINKLER
Die Rolle des Wassers in biologischen Systemen

STEPHEN G. BRUSH
Kinetische Theorie, Teil I und II
Einführung und Originaltexte

EBERHARD HOFMANN
Eiweiße und Nucleinsäuren als biologische Makromoleküle
Dynamische Biochemie, Teil I

EBERHARD HOFMANN
Enzyme und energieliefernde Stoffwechselreaktionen
Dynamische Biochemie, Teil II

EBERHARD HOFMANN
Intermediärstoffwechsel
Dynamische Biochemie, Teil III

EBERHARD HOFMANN
Grundlagen der Molekularbiologie und Regulation des Zellstoffwechsels
Dynamische Biochemie, Teil IV

HERBERT GOERING
Elementare Methoden zur Lösung von Differentialgleichungsproblemen

PETER KRUMBIEGEL
Isotopieeffekte

D. M. BRINK
Kernkräfte. Einführung und Originaltexte

DIETER ONKEN
Steroide
Zur Chemie und Anwendung

HEINZ GEILER
Ökologie der Land- und Süßwassertiere

ARTHUR P. CRACKNELL
Angewandte Gruppentheorie. Einführung und Originaltexte

DIETER KLAUA
Elementare Axiome der Mengenlehre

GÜNTER TEMBROCK
Grundlagen der Tierpsychologie

J. F. VINSON
Optische Kohärenz
in der klassischen Theorie und in der Quantentheorie

W. R. HINDMARSH
Atomspektren. Einführung und Originaltexte

GÜNTER TEMBROCK
Biokommunikation
Informationsübertragung im biologischen Bereich
Teil I und II

ADOLF ZSCHUNKE
Kernmagnetische Resonanzspektroskopie
in der organischen Chemie

DIETER MERKEL
Riechstoffe

JOHN CUNNINGHAM
Vektoren

GEORG DAUTCOURT
Relativistische Astrophysik

ERNST SCHMUTZER
Symmetrien und Erhaltungssätze der Physik

GERHARD LERCH
Pflanzenökologie

HEINRICH KINDLER
Der Regelkreis. Eine Einführung

HANS BANDEMER/ANDREAS BELLMANN
WOLFHART JUNG / KLAUS RICHTER
Optimale Versuchsplanung

HARRY PAUL
Nichtlineare Optik, Teil I und II

A. R. KESSEL
Akustische Kernresonanz

WOLFRAM BRAUER / HANS-WALDEMAR STREITWOLF
Theoretische Grundlagen der Halbleiterphysik

EBERHARD TEUSCHER
Pharmakognosie, Teil I und II

DIETER KLAUA
Grundbegriffe der axiomatischen Mengenlehre, Teil I und II

JOACHIM NITSCHMANN
Entwicklung bei Mensch und Tier

DIETRICH BENDER / ERNST-EGON PIPPIG
Einheiten, Maßsysteme, SI

E. G. GOLSTEIN
Konvexe Optimierung. Die Elemente der Theorie

HELMUT FRIEMEL / JOSEF BROCK
Grundlagen der Immunologie

HANS MARTIN BARCHET
Chemie photographischer Prozesse

Vorschau auf die nächsten Bände:

R. A. R. TRICKER
Frühe Elektrodynamik

WTB

BAND 31

Hans-Martin Barchet

Chemie photographischer Prozesse

Mit 41 Abbildungen, 5 Tabellen und 11 Tafeln

AKADEMIE-VERLAG · BERLIN

Reihe CHEMIE

Herausgegeben im Auftrage
der Akademie der Wissenschaften der DDR

von:

Prof. Dr. H. Klare, Berlin
Prof. Dr.-Ing. Dr. h. c. E. Leibnitz, Berlin
Prof. Dr.-Ing. habil., Dr. rer. nat. h. c. K. Schwabe, Meinsberg
Prof. Dr. Dr. h. c. E. Thilo, Berlin

Verantwortlicher Herausgeber dieses Bandes:
Prof. Dr.-Ing. Dr. h. c. E. Leibnitz

Verfasser:
Dr. habil. H.-M. Barchet
VEB Filmfabrik Wolfen,
Fotochemisches Kombinat

1973
2., verbesserte Auflage

Lizenznummer: 202 · 100/601/73
Herstellung: VEB Druckhaus „Maxim Gorki", 74 Altenburg
Bestellnummer: 760 025 7 (7031) · ES 18 C 3
Printed in GDR

Vorwort

Die Photographie ist zum festen Bestandteil des täglichen Lebens und zum bedeutenden Hilfsmittel in fast allen Zweigen von Wissenschaft und Technik geworden. Sie ist an sich ein Privileg der Physik, der physikalischen und der anorganischen Chemie, denn die auf ihrem Gebiet zu bewältigenden Probleme sind vor allem optischer, reaktionskinetischer, kristallographischer, kolloidchemischer und statistischer Natur.

Im Laufe der Entwicklung, besonders seit Einführung farbphotographischer Verfahren, hat aber die organische Chemie einen ständig wachsenden Einfluß auf die Fortschritte in der Photographie genommen. Es soll deshalb versucht werden, Stand und Probleme der Photographie aus der Sicht des organischen Chemikers darzustellen.

Eine systematische Einteilung des zu behandelnden Stoffes ist weder von der Chemie noch von der Physik her möglich. Da die Reihenfolge der Zusätze bei der Herstellung, sowie die Reihenfolge der Bäder bei der Verarbeitung photographischer Materialien von großer Bedeutung für die Leistungsfähigkeit der Photographie ist, dürfte die gewählte, dem Arbeitsablauf entsprechende Einteilung des Stoffes die übersichtlichste und brauchbarste sein.

Es ist kein Zufall, daß im folgenden die Farbphotographie dominiert. Sie ist heute für den Verbraucher fast genauso einfach zu handhaben wie die Schwarz-Weiß-Photographie, und es ist nur eine Frage des Preises, daß sie sich endgültig durchsetzt.

Der Umfang des Buches läßt es nicht zu, alle Erscheinungen des photographischen Prozesses zu beschreiben.

Wir schildern deshalb in erster Linie die Vorgänge, die in der Praxis Bedeutung gewonnen haben bzw. im Begriff sind eine solche zu erlangen. Auch Wiederholungen wurden in Anbetracht der Möglichkeit, mit Hilfe des Sachregisters alle erforderlichen Querverbindungen herzustellen, vermieden.

Mein Dank gilt meinem hochverehrten Lehrer Herrn Prof. Dr. Dr. h. c. W. Treibs, Herrn Professor Dr. Mühlstädt für die Anregung zu diesem Buch und Herrn Professor Dr. Meyer für die wohlwollende Unterstützung bei der Durchführung der Arbeit. Weiterhin danke ich den Herren Dr. Arens, Dr. Bach, Dr. Beulig, Dr. Brunken, Dr. Nicolai, Dr. Rössler, Dr. Schikowsky, Dr. Schindler, Dr. W. Walther für die sorgfältige Durchsicht einzelner Kapitel und Herrn Dr. Zündel für die Durchsicht des gesamten Manuskriptes. Mein besonderer Dank gilt Herrn Dr. R. Walter, der mit seinem Wissen und vor allem seiner reichen praktischen Erfahrung das Entstehen des Buches verfolgt und viele wertvolle Anregungen gegeben hat. Nicht zuletzt danke ich meinem treuen und unermüdlichen Mitarbeiter Herrn F. Setzepfand.

Dessau, im Herbst 1964.

H.-M. Barchet

Vorwort zur 2. Auflage

Soweit es der Platz erlaubte, wurde der Inhalt des Buches ergänzt und erweitert; das betrifft vor allem die Kapitel Unterlage, Kuppler, Härtung, Silberfarbbleichverfahren und das Literaturverzeichnis. Neu hinzugekommen sind ein Abschnitt über Mattierung und die Angabe aller bis jetzt veröffentlichten TGL-Vorschriften.

Mein herzlicher Dank gilt Herrn Dr. BIRR für viele wertvolle Hinweise, Herrn Dr. GRABNER für seine Hilfe bei der Zusammenstellung der TGL-Vorschriften und meiner Frau für die Durchsicht und Korrektur des gesamten Manuskripts.

Dessau, im Mai 1973.

H.-M. Barchet

Inhalt

1. Einleitung

1.1. Geschichte der Schwarz-Weiß-Photographie

Der Name „Photographie“ (aus dem griechischen phos = Licht; graphein = schreiben) wurde 1839 von J. F. W. HERSCHEL geprägt. Im gleichen Jahr am 19. August fand die denkwürdige Sitzung der französischen Akademie statt, in der F. ARAGO die Erfindung von L. G. DAGUERRE und J. N. NIÉPCE der Öffentlichkeit bekannt gab. DAGUERRE hatte einerseits gefunden, daß jodierte Silberplatten lichtempfindlich sind, und andererseits, daß ungenügend belichtete Jodsilberplatten, solche auf denen man nach der Belichtung noch kein Bild erkennen kann, doch noch gute Aufnahmen liefern, sobald die Platten Quecksilberdämpfen ausgesetzt, also entwickelt werden. Quecksilber bildet nur an den belichteten Stellen ein mattweißes Silberamalgam, so daß diese Stellen hell wie im Bild erscheinen. Damit waren die chemischen Voraussetzungen für eine praktische Photographie, die lichtempfindliche Schicht auf Halogensilberbasis und die um ein Vielfaches gesteigerte Empfindlichkeit durch Entwicklung, geschaffen worden. Etwa zur gleichen Zeit fand der Engländer W. H. F. TALBOT das Negativ-Positiv-Verfahren und die physikalische Entwicklung mit Silberionen, indem er Papierschichten mit Jodsilber tränkte und nach der Belichtung in einer gallussäurehaltigen Höllensteinlösung behandelte. Zwanzig Jahre später führte F. S. ARCHER das Collodium als Bindemittel für Halogensilber ein (nasse Collodiumplatte), und weitere 20 Jahre später wies der englische Arzt R. L. MADDOX auf die Gelatine als Bindemittel hin.

Die Gelatine ermöglichte nicht nur die Herstellung von Trockenplatten und damit den Beginn einer photographischen Industrie, sondern auch nach der Entdeckung des Reifprozesses durch C. Bennet 1878 und durch die Verwendung von Ammoniak bei der Emulsionierung (E. V. Monckhoven; J. M. Eder) eine wesentliche Erhöhung der Empfindlichkeit photographischer Platten [1]. Die Anwendung der zweiten oder Nachreifung (H. Lüppo-Cramer) [2] in Verbindung mit den

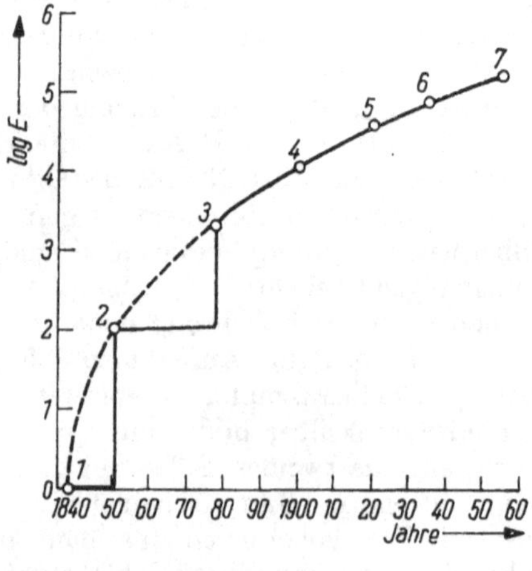

Abb. 1 Die Steigerung der Lichtempfindlichkeit photographischer Schichten (im logarithmischen Maß log E) im Laufe der Jahre (nach E. Stenger, K. V. Chibisov, ergänzt)

1. 1839 Silberjodidschichten (J. M. Daguerre, W. F. Talbot)
2. 1851 Nasser Collodiumprozeß (Scott Archer)
3. 1878 AgBr-Gelatine (R. Maddox). Reifung (Ch. Bennet)
4. 1900 AgBr-Gelatine, weitere Verbesserungen, Jodid-Zusatz
5. 1920 AgBr-Gelatine, chemische Sensibilisatoren (S. E. Sheppard), spektrale Sensibilisation systematisch verbessert
6. 1935 AgBr-Gelatine, Goldzusatz (R. Koslowsky)
7. 1955 AgBr-Gelatine, Auswahl optimaler Arbeitsbedingungen

Gesamtsteigerung von 1839 bis 1955 um den Faktor $2 \cdot 10^5$. (J. Eggert: Schweiz. Photorundschau (1961) 392)

SHEPPARDschen Untersuchungen über die Wirkung von Schwefelverbindungen (1925) führten zu dem großen Gebiet der chemischen Sensibilisierung, deren wirksamster Beitrag die Entdeckung des Goldeffektes durch R. KOSLOWSKY 1935 war. Gleichzeitig fand E. BIRR die außerordentliche Wirksamkeit der Aza-indolizine als Stabilisatoren für photographische Emulsionen. Sie ermöglichten die volle Ausnutzung des Goldeffektes und damit eine Empfindlichkeitssteigerung auf das 2- bis 4fache. Die Bedeutung der einzelnen Entdeckungen geht am besten aus Abb. 1 hervor, die die Empfindlichkeitssteigerung photographischer Halogensilberschichten im Laufe der Zeit wiedergibt.

1.2. Geschichte der Farbphotographie [3, 4]

MAXWELL fand 1855 die Prinzipien der additiven Farbphotographie. Er machte als erster von einem farbigen Objekt drei Farbauszüge mit den Filtern der Grundfarben Blau, Grün und Rot auf Schwarz-Weiß-Platten, überführte die Negative in Positive, projizierte die letzteren unter Vorschaltung der entsprechenden Farbfilter mit Hilfe von drei Lichtquellen übereinander und erhielt so ein Bild in angenähert natürlichen Farben.

Auf diesem Grundprinzip beruhen alle bis heute entwickelten additiven Farbfilmverfahren. Auch die Idee des Farbrasters als eine der möglichen Ausführungsformen für den Aufbau einer additiven Farbphotographie wurde, lange bevor es möglich war, sie wegen der fehlenden Farbempfindlichkeit des Silberhalogenids im Grün und Rot in der Praxis zu verwirklichen, von DUCOS DU HAURON im Jahre 1862 veröffentlicht. Die ersten Versuche und Überlegungen hinsichtlich subtraktiver Verfahren stammen ebenfalls von HAURON und C. CROS. Hier standen auch die sehr alten Erfahrungen der Malerei über Farbmischung und die Versuche, Dreifarbendrucke herzustellen, zur Verfügung.

Von einer additiven Farbmischung wird gesprochen, wenn man drei farbige Lichtstrahlen z. B. Rot, Grün und Blau, in einem Punkt vereinigt. Das aus den drei Strahlen addierte Licht kann innerhalb des Bereiches der drei Ausgangsfarben jede beliebige Farbe des Spektrums, einschließlich Weiß zeigen, je nachdem wie man die Intensität der drei Lichtstrahlen variiert. Bei der subtraktiven Farbmischung geht man von einer weißen Lichtquelle aus und bringt in den Strahlengang Lichtfilter verschiedener Farbe, z. B. wie beim Farbfilm Blaugrün, Purpur und Gelb. Von dem weißen Licht werden gewissermaßen einzelne Wellenlängenbereiche durch Absorption abgezogen, subtrahiert. Das übrigbleibende Licht zeigt wiederum, je nach Dichte und Kombination der drei Lichtfilter, alle Farben des sichtbaren Spektralbereiches. Bei Absorption des gesamten Lichtes entsteht der Eindruck Schwarz.

Bis die Vorstellungen zum Aufbau von Farbfilmen praktische Verwendung in modernen Farbfilmverfahren finden konnten, bedurfte es noch dreier bedeutender chemischer Entdeckungen und Entwicklungen.

1873 fand H. W. Vogel die optische Sensibilisierung. Es gelang ihm, die damals bekannten Halogensilber-Emulsionen, die nur für violettes und blaues Licht empfindlich waren, durch Zusatz bestimmter Farbstoffe (er verwendete anfänglich Korallin) auch für andere Spektralgebiete empfindlich zu machen. Obwohl Vogel sofort die große Bedeutung seiner Entdeckung erkannte und die Industrie schnell mit der Synthese photographisch wirksamer Stoffe begann, waren die Schwierigkeiten, besonders bei Einführung der Gelatinetrockenplatten so groß, daß es fast fünfzig Jahre dauerte, bis das Gebiet der optischen Sensibilisierung einigermaßen erschlossen war. Besonders verknüpft sind diese Entwicklungsjahre mit den Namen E. König, der die ersten brauchbaren Sensibilisatoren vom Cyaninfarbstofftyp synthetisierte, und W. H. Mills, der die Konstitution vieler Farbstoffe aufklären konnte [5, 6].

Im Verlauf der Entwicklung wurde die Sensibilisierungsintensität der Sensibilisatoren besonders durch die Einführung von Substituenten am mittleren Kohlenstoffatom der Methinkette um das Vier- bis Achtfache gesteigert. Während man diese hochempfindlichen Sensibilisatoren ohne weiteres auch für den Aufbau additiver Farbverfahren einsetzen konnte, ergaben sich bei den subtraktiven Verfahren mit Bildfarbstoffbildnern in den Emulsionsschichten merkliche Rückgänge der Sensibilisierungsintensitäten. Erst durch die Synthese sauer substituierter Sensibilisatoren wurde diese, die Empfindlichkeit der Farbfilmmaterialien stark einschränkende Schwierigkeit überwunden, denn die Adsorption der Sensibilisatoren an die Bildfarbstoffbildner, die eine Art Salzbildung darstellt, wird durch die bei sauren Sensibilisatoren sich ausbildende Betainstruktur weitgehend vermieden [7]. Gleichzeitig mit der Verbesserung der Sensibilisierung erfolgte die Entwicklung der ersten brauchbaren farbphotographischen Verfahren. Es waren im wesentlichen additive Verfahren nach dem Prinzip der Strahlenteilung und dem der Verwendung von Farbrastern [8]. Diese zum Teil höchst geistreichen und interessanten Verfahren führten zu erstaunlich hoher Qualität der Farbwiedergabe, was bei der subtraktiven Farbphotographie nur mit Mühe zu erreichen ist, haben aber den erheblichen Nachteil der hohen Lichtverluste sowohl bei der Aufnahme als auch bei der Wiedergabe. Ihre technische Anwendung ging deshalb schnell zu Ende, nachdem die chemischen Voraussetzungen für die subtraktiven Verfahren geschaffen worden waren.

1911 erkannte R. Fischer [9] die Möglichkeit, mit ein und demselben bei der Reduktion des Silberhalogenids entstehenden Entwickler-Oxydationsprodukt blaugrüne, purpurne und gelbe Farbstoffe herzustellen, also in einem Entwicklungsgang alle drei, für den Aufbau eines farbigen Bildes erforderlichen Farben zu bilden. Er verwendete p-Phenyldiaminderivate als Entwicklersubstanzen und kuppelte deren Oxydationsprodukte unter Bedingungen, wie sie für die Filmentwicklung üblich sind, mit Phenolen oder Naphtholen zu blaugrünen, mit Acetessigesterderivaten zu gelben und mit solchen des Methylencyanins zu purpurnen Farbstoffen.

Fischer benutzte zwar seine Entdeckung nur zur Herstellung damals in Mode stehender einfarbiger Papierbilder, beschrieb aber in seinem Patent die Möglichkeit des Aufbaues eines Dreischichtenfarbfilmes, bei dem jede Emulsionsschicht für ein Drittel des sichtbaren Spektrums empfindlich war und eine entsprechende Farbkupplungskomponente enthielt. Die beiden heute auf dem Farbfilmgebiet vor allem den Weltmarkt beherrschenden Aufnahmeverfahren, das Eastmancolor- und Agfacolor-Verfahren, basieren auf der Fischerschen Entdeckung.

Daß es noch über 20 Jahre gedauert hat, bis die chromogene Entwicklung nach Fischer (chroma = Farbe) praktische Verwendung fand, ist auf die zunächst unüberwindlich erscheinenden Schwierigkeiten der Festlegung der mit dem Entwickleroxydationsprodukt kuppelnden, ganz allgemein als Farbkuppler bezeichneten Verbindungen in der Emulsionsschicht zurückzuführen. Diese Kuppler zeigten, obgleich sie teilweise schwer löslich waren, eine erstaunlich große Diffusionsfähigkeit im Film und verschlechterten dadurch in hohem Maße die Farbtrennung bzw. die Farbwiedergabe. Alle Versuche, die Diffusion zu verhindern, führten zunächst nicht zum Ziel.

Mannes und Godowsky (Kodachromverfahren 1935) wendeten als erste das Fischersche Prinzip der chromogenen Entwicklung praktisch an, indem sie in einem sehr komplizierten Verfahren Entwickler und Kuppler durch gerichtete Diffusion aufeinanderfolgend immer nur in eine der drei übereinanderliegenden, verschieden sensibilisierten Emulsionsschichten eindringen ließen.

1935 fanden Wilmanns, Kumetat, Fröhlich, Schneider und Brodersen [10] eine Möglichkeit, Kupplern

Diffusionsfestigkeit zu verleihen und sie dadurch in die ihrer Kupplungsfarbe entsprechende Emulsionsschicht fest einlagern zu können.

Die ersten Erfahrungen konnte W. Schneider bei Versuchen, Farbstoffe für Lichthofschutzschichten diffusionsfest zu machen, sammeln. Es zeigte sich, daß nicht die Schwerlöslichkeit in Wasser die Diffusion verringert, dadurch wird nur die Reaktionsfähigkeit herabgesetzt, sondern daß in das Farbstoff- bzw. Kupplermolekül bestimmte organische Gruppen eingeführt werden müssen, um Diffusionsfestigkeit zu erreichen. Dabei kann und soll die Wasserlöslichkeit möglichst gut sein. Es wurden zunächst ähnliche organische Reste verwandt, wie sie bei der Baumwollfärbung zur Erreichung der Substantivität eingesetzt werden. Die dadurch erzielte Diffusionsfestigkeit reichte aber für die Kuppler nicht aus.

Kumetat führte aliphatische Kohlenwasserstoffketten in das Kupplermolekül ein. Mit steigender Zahl der Kohlenstoffatome in der Kette ergibt sich eine zunehmende Diffusionsfestigkeit, die bei Verwendung von Stearyl- oder Stearoylresten einen Grad erreicht, der allen Ansprüchen in einem mehrschichtigen Farbfilmmaterial genügt. Auch lassen sich an den Kupplern aller Verbindungsklassen derartige Fettreste ohne allzu große experimentelle Schwierigkeiten anbringen. In der Folgezeit sind in Anlehnung an diese Erkenntnis die verschiedensten, langkettigen Verbindungen, wie z. B. Polypeptide, Kohlehydrate, Harze und Stearine für die Erreichung der Diffusionsfestigkeit der Kuppler vorgeschlagen worden, aber bis heute haben sich die Fettreste in Verbindung mit Carbon- oder Sulfonsäuregruppen zur Erhöhung der Wasserlöslichkeit am besten bewährt.

Dieses Prinzip zur Erreichung der Diffusionsfestigkeit liegt dem Agfa- und ORWO-Color-Verfahren zugrunde.

Das Verfahren mit „geschützten“ Kupplern, das von der Kodak angewendet wird, geht auf ein Patent von Martinez [11] zurück. Es handelt sich hierbei ebenfalls um FISCHERsche Kuppler, die aber keine diffusionsverhindernden Reste tragen, sondern, in Kunstharztröpfchen eingebettet, der Emulsion zugesetzt werden.

Älter als die chromogene Entwicklung ist das Verfahren der durch Silber katalysierten oxydativen oder reduktiven bildmäßigen Zerstörung organischer Farbstoffe, das 1905 von K. SCHINZEL zum Patent angemeldet und unter dem Namen Silberfarbbleichverfahren bekannt geworden ist. Am intensivsten und erfolgreichsten ist dieses Verfahren von B. GASPAR [12] (Gaspacolor) nach 1920 bearbeitet worden. Es wurde schon fünf Jahre vor dem Agfacolor-Verfahren vor allem zur Herstellung von Werbefilmen kommerziell genutzt, dann aber wie viele andere Verfahren von dem letzteren vollkommen verdrängt und hat erst in jüngster Zeit wegen der hohen Lichtechtheit seiner Bildfarbstoffe besonders für die Herstellung von farbigen Aufsichtsbildern wieder Bedeutung gewonnen.

1.2.1. Der klassische Farbfilmaufbau nach dem heute allgemein angewendeten subtraktiven Verfahren mit diffusionsfesten Kupplern

Es werden drei Emulsionsschichten und eine Gelbfilterschicht übereinandergegossen. Die Schichtdicken (Messung der Schichtdicke TGL 13573, März 1962) liegen zwischen 2 und 10 µm — je nach Material — und schwanken um weniger als ± 0,1 µm. Die drei Emulsions-

Abb. 2 Farbfilmaufbau

schichten enthalten als lichtempfindliche Substanz Silberbromid und nur geringe Beimischungen an Jodid (2 bis 5%). Die auf der Unterlage befindliche Emulsionsschicht, der Unterguß, ist für rotes Licht sensibilisiert und enthält gleichzeitig einen diffusionsfesten Kuppler, der bei der Farbentwicklung einen blaugrünen Farbstoff ergibt. An Stellen im Unterguß, an denen bei der Belichtung rote Lichtstrahlen registriert werden, entsteht bei der Entwicklung die Kompensativfarbe zu Rot, Blaugrün. Der Mittelguß, die nächste Schicht, ist für grünes Licht sensibilisiert und enthält einen Kuppler, der mit dem Entwickleroxydationsprodukt einen Purpurfarbstoff ergibt. Über dem Mittelguß liegt die Gelbfilterschicht. Sie besteht aus in Gelatine kolloidal verteiltem Silber von gelber Farbe. Im Verlauf der Entwicklung wird das Silber gebleicht und ausfixiert, so daß diese Schicht im entwickelten Film farblos erscheint. Die Gelbfilterschicht hat die Aufgabe, die blauen Lichtstrahlen zurückzuhalten, damit sie nicht im Unter- und Mittelguß auf Grund der Blauempfindlichkeit (Eigenempfindlichkeit des Silberbromids) dieser Schichten Belichtungen hervorrufen, die zu Farbverfälschungen (Verweißlichungen bei Umkehr, Verschwärzlichungen bei Negativ) führen würden. Die dritte Emulsionsschicht, der Oberguß ist nicht sensibilisiert. Sie ist nur blauempfindlich und enthält dementsprechend einen Gelbkuppler.

Genauso alt wie das Mehrschichtenprinzip sind die Versuche, ein subtraktives farbphotographisches Verfahren mit nur einer Emulsionsschicht zu entwickeln. In diesem Fall muß möglichst jedes einzelne Silberkorn einer Emulsion unablösbar fest mit dem Sensibilisator und dem dazugehörigen Kuppler verbunden sein (Paketemulsion). Solche Emulsionen lassen sich trotz verschiedener Sensibilisierung ohne Verlust der Farbtrennung miteinander mischen. Die Realisierung dieses Prinzips steht infolge der Schwierigkeit der Paketherstellung (bisher nur indirekt möglich durch Emulsionsfällung oder Sprühtrocknung von Emulsionen) noch offen [13 bis 15].

1.3. Der Vorgang des Sehens

Der lichtempfindliche Teil des menschlichen Auges ist die Netzhaut, die sich, wie der Film in der Kamera, auf der Rückseite des Auges gegenüber der Linse befindet. Die Netzhaut registriert wie der photographische Film nur die Impulse und leitet sie durch Nervenfasern ins Gehirn weiter. Das Gehirn verstärkt die Impulse und setzt sie zum Bild zusammen.

Die Netzhaut besteht aus Stäbchen und Zapfen. Nach der Duplizitätslehre [16] ermöglichen die Stäbchen das Dämmerungssehen, die Unterscheidung zwischen hell und dunkel ohne Erkennung von Farben, und die Zapfen das Tagessehen, das farbige Sehen. Die Absorption der Lichtquanten erfolgt in den Stäbchen durch einen Farbstoff, den Sehpurpur (Rhodopsin = Vitamin A) und nach der klassischen Vorstellung in den Zapfen, von denen es drei Arten gibt, durch drei dem Rhodopsin chemisch ähnliche, aber verschieden gefärbte, lichtempfindliche Verbindungen. Je ein Drittel der Zapfen ist rot-, grün- und blauempfindlich. Entsprechend dieser Vorstellung erklärt sich die verhältnismäßig häufig vorkommende Rot- und Grünblindheit sehr einfach durch das Fehlen einer der drei Zapfenarten [17, 18].

Andere Untersuchungen machen es wahrscheinlich [19], daß die Licht- und Farbeindrücke nicht durch verschiedene Farbstoffe und verschiedene Sehzellen registriert werden. Vielmehr geben die Sehzellen je nach der Wellenlänge des absorbierten Lichtes unterschiedliche Impulse an das Gehirn weiter, ähnlich den Vorgängen bei einer Fernsehkamera. Alle Sehzellen, ob Stäbchen oder Zapfen, tragen danach in gleicher Weise zur Registrierung des Lichtes bei. Mehrere Sehzellen sind zusammen zu sogenannten Elementarbereichen an eine Sehnervenfaser geschaltet. Die Größe dieser Elementarbereiche ist nicht konstant. Mit Hilfe der zwischen den Zapfen und Stäbchen und den Netzhautfasern liegenden Ganglien- und Bipolarzellen können bei geringer Netzhautbeleuchtungsstärke sehr viele Rezeptoren parallel geschaltet werden. Dann sind die Elementarbereiche groß, die

Empfindlichkeit ist hoch, aber die Sehschärfe klein. (Nachtsehen). Bei steigender Netzhautbeleuchtungsstärke werden die Elementarbereiche kleiner und daher auch unempfindlicher, dafür aber steigt die Sehschärfe an. Maximal findet man in der Netzhaut etwa $8 \cdot 10^5$ solcher Elementarbereiche. Da der einzelne Elementarbereich in der Sekunde bis zu 50 Einzelreize registrieren kann, lassen sich durch die Netzhaut jedes Auges $4 \cdot 10^7$ Einzelinformationen/Sekunde aufnehmen.

Das Auge nimmt die elektromagnetischen Wellen zwischen 400 und 760 nm (millionstel mm) als Licht wahr [20]. Das ultraviolette (UV, unter 400 nm) und das infrarote Licht (IR, über 760 nm) werden von den vor

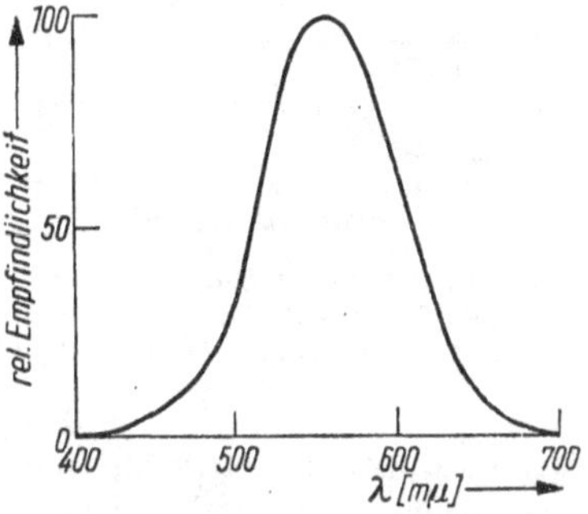

Abb. 3 Kurve der Hellempfindlichkeit des Auges. (W. SCHULZE: Farbenphotographie und Farbfilm: Springer-Verlag, Berlin, 1953)

der Netzhaut liegenden, brechenden Medien des Auges (Hornhaut, Bindehaut, Vorderkammer, Linse, Glaskörper) weitgehend adsorbiert. Der gesamte Wellenbereich des sichtbaren Lichtes ergibt bei Energiegleichheit die Empfindung Weiß. Einzelne Wellenlängen unterscheiden sich durch die Qualität Farbe. Die höchste Unterschiedsempfindlichkeit liegt im Bereich von 490 bis 500 nm (Gelbrot). Hier genügt bereits 1 nm zur merklichen Farbtonänderung. Etwa 160 Farbtöne sind unterscheidbar ohne und etwa 600000 mit Einbeziehung von Sättigungs- und Helligkeitsunterschieden. Die Empfindlichkeit des Auges hat ihr Maximum im grünen Spektral-Bereich. Daher kommt es, daß in Farbfilmen die grünempfindliche Schicht die schärfebestimmende ist.

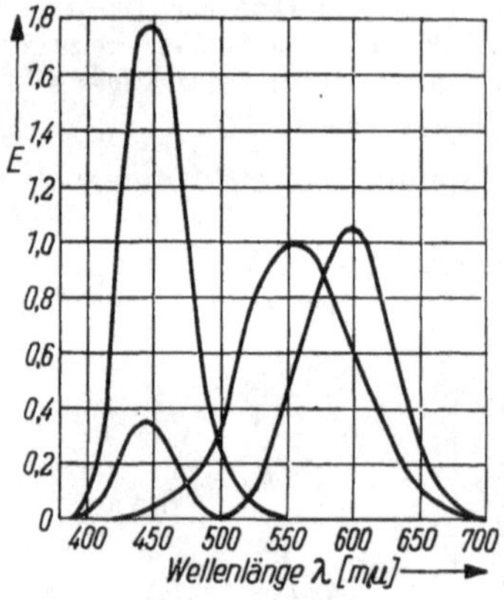

Abb. 4 Mit Hilfe der drei Normreize des IBK-Dreiecks, Rot, Grün und Blau, bestimmte Farbempfindlichkeit des Auges. (W. Schulze: Farbenphotographie und Farbfilm. Springer-Verlag, Berlin, 1953)

Die Farbempfindungen lassen sich, indem man verwandte Farben aneinander reiht, ordnen. Newton, Goethe, Ostwald und Hering haben solche Ordnungssysteme, unter denen der Ostwaldsche Farbkreis am bekanntesten ist, aufgestellt. Beim Farbkreis gelangt man empfindungsgemäß vom reinen Rot über die Orangetöne zum reinen Gelb, über Gelbgrün zum reinen Grün, über Blaugrün zum reinen Blau, und über Violett und Purpur zum Rot zurück. Die reinen Farben bezeichnet man als Urfarben, die empfindungsgemäß festgelegt sind. Rot z. B. ist dann rein, wenn es keinerlei Tendenz nach gelb oder blau zeigt. Während Hering [21] die Urfarben Rot, Gelb, Grün und Blau für seine Vierfarbentheorie einsetzt, hat die Dreifarbentheorie von Joung und Helmholtz, die der subtraktiven Farbphotographie zugrunde liegt, einen mehr physikalischen Inhalt (Normblatt über

Farbenlehre DIN 5033). Aus den hier verwendeten Grundfarben Rot, Grün und Blau lassen sich alle anderen Farben des Spektrums additiv mischen. Im Farbfilm werden für den Aufbau des Farbbildes nicht die drei Grundfarben, sondern deren Kompensativfarben eingesetzt, weil die letzteren je nur ein Drittel des Spektrums absorbieren (Abb. 5 und 6).

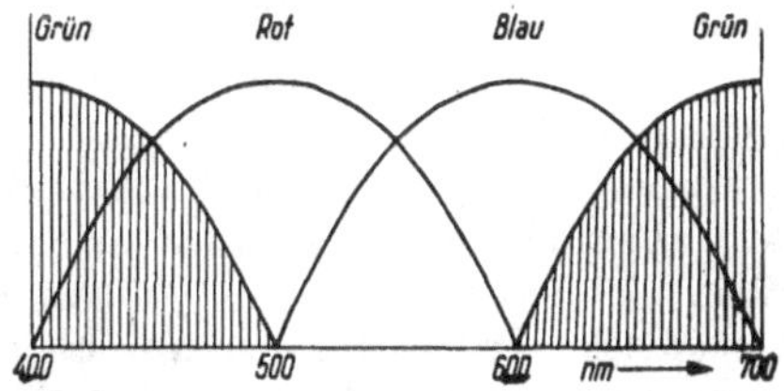

Abb. 5 Lichtabsorption der Grundfarben

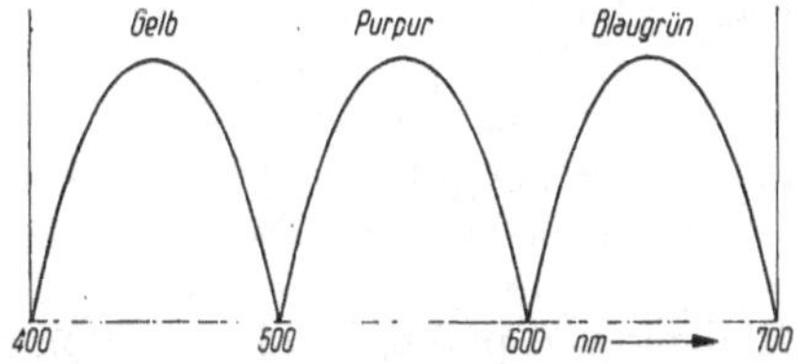

Abb. 6 Lichtabsorption der Kompensativfarben

Die Überlappung der Absorptionsbereiche der Grundfarben würde die Entstehung eines farbigen Bildes bei Verwendung der Grundfarben in den drei Emulsionsschichten unmöglich machen. Schon beim Übereinanderlegen von zwei Grundfarben entsteht der Eindruck Schwarz bzw. Unbunt.

1.4. Theorie des photographischen Prozesses

Silberchlorid und -bromid bilden Ionenkristalle [22] vom NaCl-Typ. Das an sich anders kristallisierende

Silberjodid (Zinkblende- bzw. Wurtzit-Gitter) wird in den photochemisch üblichen Mengen (S. 17) in das AgCl- oder AgBr-Gitter mit eingebaut. Die Ionenkristalle werden durch die Coulombkräfte zwischen den entgegengesetzt geladenen Ionen zusammengehalten. Da positive und negative Ladungen bei AgCl und AgBr gleich sind und sich auch die Ionenradien nicht stark unterscheiden, herrscht der kubische und oktaedrische Bau der Kristalle wie beim NaCl-Typ vor (Abb. 40). Sehr schöne elektronenmikroskopische Aufnahmen von Silberhalogenidkristallen sind von KLEIN [23] veröffentlicht worden. Völlig fehler- und zusatzfreie Silberhalogenidkristalle sind gegen Licht, zumindest im Innern, unempfindlich. An ihrer Oberfläche genügen schon geringste mechanische Deformationen um Lichtempfindlichkeit hervorzurufen. Die Fehler im Kristallaufbau haben daher entscheidende Bedeutung für den Ablauf des photographischen Prozesses.

Durch die Wärmebewegung der Ionen im Kristall werden einzelne Gitterbausteine aus ihren Gitterplätzen auf sogenannte Zwischengitterplätze herausgehoben. Die Zwischengitterionen haben erhöhte Beweglichkeit und hinterlassen Lücken im Gitter als Potentialfallen. Die häufigste, und für den photographischen Vorgang wahrscheinlich wichtigste, ist die FRENKEL-Fehlordnung. Bei ihr gelangen Silberionen auf Zwischengitterplätze und hinterlassen negativ geladene Lücken im Gitter. Die SCHOTTKY-Fehlordnung erreicht erst bei höherer Temperatur nennenswerte Beträge und spielt im photographischen Elementarprozeß wahrscheinlich nur eine untergeordnete Rolle. Sie ist gekennzeichnet durch die Entstehung von Ag- und Br-Lücken. Rings um die Stelle im Gitter, die ein Silberion verlassen hat, befinden sich negative Ladungen, daher ist das Symbol für die Ag^{+}-Lücke $Ag_{\square}^{-}$ und entsprechend für die Br^{-}-Lücke $Br_{\square}^{+}$.

Außer durch Fehlordnungen wird die photographische Empfindlichkeit von Silberhalogenidkristallen durch Kristallbaufehler (Abb. 7) und durch Fremdionen im Kristall (in erster Linie Ag_2S) erhöht.

Jeder Fehler im Kristall verursacht eine mehr oder weniger große Lockerung des Gitters und damit einerseits eine Erhöhung der Konzentration und Beweglichkeit von Zwischengitterionen und Elektronen und andererseits eine Vermehrung der Zahl der Potentialfallen und ist somit ein Beitrag zur Steigerung der Lichtempfindlichkeit des Kristalls. Beide Erscheinungen, Lockerung des Gitters und Vermehrung der Potentialfallen, haben für den Transport der durch Absorption von Lichtquanten

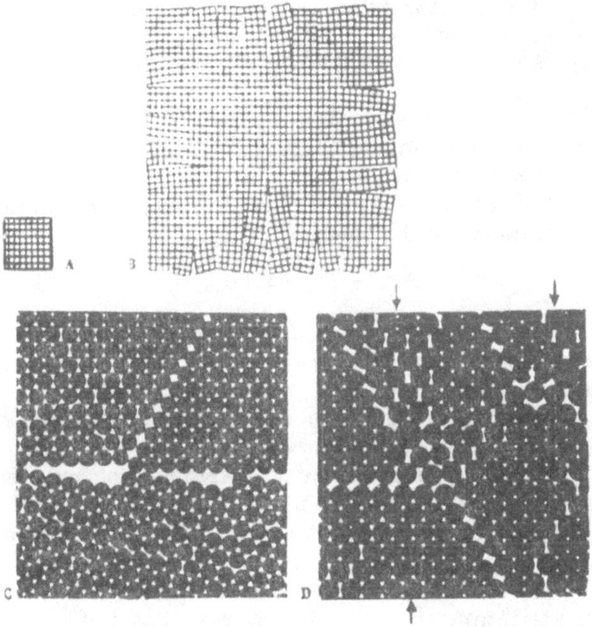

Abb. 7 *A* – Idealer ungestörter Gitterbereich; *B* – Realgitter, aus Mosaikblöckchen zusammengesetzt; *C* – Flächenmodell eines Mosaiks, bei dem drei Bereiche gegeneinander verschoben und verkantet sind; *D* – Strukturstörung durch Einbau von größeren Fremdelementen. (J. EGGERT: Schweiz. Photorundschau (1961), 392)

aufgenommenen Energie im Kristall und für die Silberkeimbildung als wichtigste Voraussetzung sowohl für die Reifung (S. 47, 52) als auch für die Entstehung des latenten Bildes entscheidende Bedeutung.

Der Reaktionsablauf bei der Belichtung beginnt mit der Absorption von Lichtquanten und endet mit der Entstehung des latenten Bildes (latens, lat. = verborgen). Nach dem GROTTHUS-DRAPERschen Gesetz [24] wird nur das absorbierte Licht photochemisch wirksam.

Die Quantenausbeute

$$\varphi = \frac{\text{Anzahl ausgelöster Elementarvorgänge}}{\text{Anzahl absorbierter Quanten } h\nu}$$

kann bei diesem Vorgang im günstigsten Falle gleich Eins sein [25].

Die durch die Absorption ausgelöste Reaktion stellt sich nach der Theorie von GURNEY und MOTT [26, 27, 28] folgendermaßen dar:

Die Absorptionsstellen für die Strahlung liegen in den Halogenionen des Kristalls.

$$Br^- + h\nu \rightarrow Br + \ominus$$

Das freigewordene Elektron durchläuft im sogenannten Leitfähigkeitsband den Kristall, bis es von Keimen oder Ag_2S-Teilchen eingefangen wird. Um so schneller das Einfangen erfolgt und um so fester das eingefangene Elektron an der Absorptionsstelle haftet, um so geringer ist die Wahrscheinlichkeit der Rekombination mit dem Defektelektron. Wenn keine Keime oder Fehlstellen vorhanden sind, findet praktisch quantitativ Wiedervereinigung des Elektrons mit dem Defektelektron statt. Der Kristall besitzt keine Lichtempfindlichkeit. Als Defektelektron (Br_G^+) bezeichnet man das auf seinem normalen Gitterplatz verbliebene Bromteilchen, das durch die Lichtreaktion sein Elektron verloren hat, und das durch die es umgebenden Gittersilberionen positiven Charakter trägt. Das von der „Falle“ eingefangene

Elektron verringert die positive Ladung bzw. erhöht die negative Ladung des Keims und ermöglicht dadurch die Heranziehung und Entladung eines weiteren Silberions.

Auf diese Weise vergrößern sich die schon von der Emulsionsherstellung vorhandenen Reif- und etwas größeren Subkeime zu den Entwicklungs- oder Vollkeimen (Berg). Die Zahl der Silberatome in einem Vollkeim wird auf 4 bis 100 geschätzt. GALASIN [29] hat gefunden, daß auf Grund der fast gleichen Gitterabstände des metallischen Silbergitters ($a = 4{,}077$ Å) und des Silberteilgitters im AgBr-Kristall ($a = 4{,}078$ Å) die Ausbildung der metallischen Silberphase (Keim) bei der Entstehung des latenten Bildes nur von einem geringen Energiebedarf begleitet ist.

Nach MITCHELL [30] haben die Defektelektronen eine fast so große Beweglichkeit wie die Elektronen selbst. Das Defektelektron zieht aus seiner nächsten Umgebung ein Elektron zu sich heran. Der Elektronenübergang ist gleichbedeutend mit einer indirekten Fortwanderung des Defektelektrons, das auf diese Weise schnell an die Kristalloberfläche gelangen kann, von der aus es durch Wasser oder Gelatine adsorbiert wird [31]. Die Tendenz der Defektelektronen, an die Oberfläche zu wandern, wird durch die Oberflächeneckenstellen begünstigt. Ein Eckenstellenatom ist nicht wie im Kristallinnern von sechs, sondern nur von drei Ionen gegensätzlicher Ladung umgeben. Bromioneneckenstellen wirken daher als Defektelektronenfallen, weil sie ihr Elektron leichter als Bromionen im Innern des Kristalls abgeben.

Einzelne Silberatome und auch noch Zusammenlagerungen von zwei und drei Silberatomen sind im Kristall unbeständig — einzelne Silberatome halten sich nur wenige Sekunden. Nach STASIW und TELTOW ist es wahrscheinlich, daß Silberatome durch Adsorption an Ag_2S Beständigkeit erlangen, daß das Ag_2S demnach eine wichtige Rolle bei der Keimbildung spielt.

Die Unbeständigkeit sehr kleiner Silberkeime ist auch die Ursache für den FADING-Effekt [32], einer Rückbildung (Regression) von durch Belichtung entstandenen Keimen, also einem teilweisen Verschwinden des latenten Bildes, in erster Linie verursacht durch Luftsauerstoffoxydation. Bei Kurzzeitbelichtungen mit hoher Intensität ist der Effekt besonders stark, weil viele kleine Keime entstehen.

Aus dem Gesagten ergibt sich zwangsläufig einer der wichtigsten Begriffe in der Photographie, der Begriff der Sensibilisierung. Darunter versteht man alle Vorgänge, die zur Erhöhung der Lichtempfindlichkeit eines Silberhalogenidkristalls bzw. der photographischen Schicht beitragen. Soweit die Absorption der Lichtquanten begünstigt wird, spricht man von spektraler Sensibilisierung. Alle Vorgänge im Kristall und um ihn herum, die die absorbierte Lichtenergie möglichst weitgehend für die Entstehung des photographischen Bildes nutzbar machen, faßt man unter der Bezeichnung chemische Sensibilisierung zusammen.

Ohne den Entwicklungsvorgang könnte auch die wirksamste Sensibilisierung nicht zu einer praktischen Photographie führen, denn im Verlauf der Entwicklung wird die Wirkung der Lichtreaktion auf das 10^6- bis 10^8fache verstärkt. Die bei der Lichtreaktion entstehenden bzw. vergrößerten Keime sind bei der Entwicklung lediglich die Katalysatoren für eine, den ganzen Kristall erfassende Reduktionsreaktion.

Der gesamte photographische Prozeß, beginnend mit der Reifung der Emulsion, weiter ablaufend über die verschiedenen Möglichkeiten der Empfindlichkeitssteigerung, die Stabilisierung, die Lagerung, die Bildung des latenten Bildes durch Belichtung bis zur Entstehung des sichtbaren Bildes im Verlauf des Entwicklungsprozesses, stellt im Grunde genommen einen einzigen Reaktionsablauf mit vielen zeitlichen Unterbrechungen dar [33].

2. Filmunterlage [34]

1881 schlug FOURTIER erstmalig das Celluloid, ein durchsichtiges Produkt aus Nitrocellulose und Kampfer, als Filmunterlage vor, um das schwere und zerbrechliche Glas zu ersetzen. Trotz seiner guten mechanischen Eigenschaften hat es sich als Filmunterlage nicht halten können, weil es außerordentlich feuergefährlich ist.

Zur Erhaltung der mechanischen Eigenschaften lag es nahe, unter den Cellulosederivaten einen Austauschstoff für Celluloid zu suchen. Man erkannte, daß die Ester der Essigsäure ebenfalls zur Herstellung von Filmunterlage geeignet sind, ohne den Nachteil der leichten Brennbarkeit zu besitzen (TGL 16154, Febr. 1970). Daß sich die Acetylcelluloseunterlage (Sicherheitsfilm) aber erst in den letzten dreißig Jahren durchgesetzt hat, obwohl der erste Acetatfilm bereits 1900 auf der Pariser Weltausstellung zu sehen war, hat seine Ursache einerseits in dem niedrigeren Preis der Nitrocellulose und andererseits in der größeren Wasserempfindlichkeit der Acetylcellulose, die sich nachteilig auf wichtige mechanische Daten der aus ihr hergestellten Unterlage auswirkt.

Die Veresterung der drei OH-Gruppen der Cellulosebausteine mit Essigsäure führt nur unter Einsatz eines großen Überschusses an Essigsäureanhydrid-Eisessig (zum Teil als Lösungsmittel) und Verwendung von H_2SO_4 und $HClO_4$ bei einer Temperatur von etwa 15 °C zum Triacetat (1 T. Cellulose, 4 T. Essigsäureanhydrid, 4 T. Eisessig, 0,1 T. H_2SO_4). Es gibt zwei Acetylierungsarten:

1. Die Cellulose wird in starken Knetapparaten mit Essigsäureanhydrid behandelt. Die Reaktion läuft unter weitgehender Erhaltung der Faser heterogen an der Phasengrenze fest/flüssig ab. Der Acetatgehalt erreicht in der Regel nicht ganz den theoretischen Wert von 62,5% Essigsäure. Die Aufarbeitung des Reaktionsproduktes ist denkbar einfach, man

saugt das Essigsäureanhydrid-Eisessiggemisch, das man nach Regenerierung weiterverwenden kann, ab. Das gewonnene Produkt wird als Faseracetat bezeichnet.

2. Für die Herstellung des Lösungsacetats wird die Cellulose mit Essigsäure in Lösung gebracht und wie oben acetyliert. Die Reaktion dauert 5 bis 10 Stunden und verläuft quantitativ, bis zu einem Gehalt von 62,5% Essigsäure. Durch Zugabe von Wasser wird die Acetylcellulose ausgefällt und durch Abpressen isoliert.

Obwohl die zweite Methode zu einem besseren und gleichmäßigeren Produkt führt, spielt auch das Faseracetat technisch noch eine Rolle, weil es sich einfacher und billiger herstellen läßt.

Vollacetylierte Cellulose ist technisch nicht brauchbar, weil ihre mechanisch-physikalischen Eigenschaften, Planlage (Bestimmung der Wölbung TGL 25365, Juli 1971), Elastizität, Maßhaltigkeit, Schrumpfung, Knitter-, Abrieb- und Zerreißfestigkeit (Dynamische Festigkeit TGL 143-400 Nov. 1963), schlecht sind. Schon das Vorhandensein einer geringen Zahl freier OH-Gruppen verbessert diese Eigenschaften erheblich. Deshalb wird das Reaktionsgemisch beider Herstellungsverfahren durch Zugabe von 5 bis 10% Wasser und 12stündiges Stehenlassen bei 20 bis 25°C einer teilweisen Verseifung (bis zu 10%) unterworfen. Der einfachere umgekehrte Weg, daß man die Acetylierung kurz vor ihrer Beendigung abbricht, führt nicht zu einem reproduzierbaren Produkt.

Die handelsüblichen Acetylcellulosen, im allgemeinen Cellite genannt, unterscheiden sich in ihrer Löslichkeit. Acetylcellulose mit einem Essigsäuregehalt von 52 bis 58% ist acetonlöslich, solche von 60,5 bis 61,5% ist methylenchloridlöslich. Je geringer der Essigsäuregehalt, also je größer die Zahl der freien OH-Gruppen ist, um so größer wird die Wasseraufnahmefähigkeit, eine unerwünschte Eigenschaft der Unterlage und um so geringer wird die sehr erwünschte Zerreißfestigkeit, wie Tabelle 1 zeigt.

Tabelle 1

Essigsäure in %	Wasseraufnahmefähigkeit in %	Zerreißfestigkeit in %
58,8	5,2	70
57,2	8,5	58
56,5	8,6	—
56,0	11,4	53
54,5	12,2	52
52,8	15,1	48
52,6	15,5	—
51,4	15,9	43

Deshalb wird in zunehmendem Maße Acetylcellulose (T-Cellit) mit einem Essigsäuregehalt von 60,5 bis 61,5% eingesetzt. In diesem engen Bereich liegt etwa das Optimum der mechanisch-physikalischen Eigenschaften der Acetylcellulose (TGL 21197, Jan. 1971).

Zur Herstellung der Filmunterlage wird die Acetylcellulose in einem Lösungsmittelgemisch, meist Methylenchlorid-Methanol, gelöst. Die Lösung fließt je nach der gewünschten Unterlagestärke verschieden dick auf ein etwa ein Meter breites endloses Kupferband oder auf eine Trommel und wird durch intensive Belüftung so weit vom Lösungsmittel befreit, daß die Schicht kurz vor Vollendung einer Umdrehung des Bandes bzw. der Trommel, ohne zu zerreißen, als Folie abgehoben werden kann. Die weitere Entfernung der Lösungsmittel erfolgt dann in Trockenschränken.

Um der Acetylcelluloseunterlage größere Elastizität und Geschmeidigkeit zu verleihen, fügt man ihr spezielle Weichmachungsmittel zu. Weichmacher sind schwer verdunstende, hochsiedende Quell- und Lösungsmittel für Celluloseester, die mit den Lösungsmitteln für Celluloseester mischbar, geruchlos, farblos, stabil, indifferent gegen die später aufgetragenen Emulsionen, hydrolyse- und lichtbeständig sein müssen. Aus der großen Zahl der vorgeschlagenen Verbindungen, Ester der Phosphorsäure, Triacetine (Glyzerinacetate), Phthalate, aromatische Alkohole, Adipinsäureester, Harnstoffderivate, werden praktisch nur wenige eingesetzt. Am häufigsten findet Triphenyl- oder Trikresylphosphat in Verbindung mit Dimethyl- oder Diaethylphthalat (Palatinol) im Verhältnis Acetylcellulose: Weichmacher = 10:1 Anwendung. Diese Weichmacher sind zwar die günstigsten aus der großen Zahl der möglichen, sie sind aber keine echten Lösungsmittel für Acetylcellulose. Das führt bei längerer Lagerung der Unterlage zur teilweisen Kristallisation der Weichmacher auf der Unterlageoberfläche, einer Erscheinung, die besonders bei Farbdiapositiven einen unangenehmen Fehler, die sogenannte TP-Ausscheidung verursacht.

Zur Unterscheidung von Nitro- und Acetylcelluloseunterlage werden vielfach der letzteren geringe Mengen eines Farbstoffes zugesetzt. Die verschieden stark verseiften Cellite kennzeichnet man untereinander durch Zusatz verschiedener Farbstoffe (TGL 143-501, Mai 1965).

Die Celluloseacetatunterlage hat hydrophoben, wasserabweisenden Charakter. Demgegenüber ist die Gelatine im höchsten Grade hydrophil. Die Folge davon ist, daß die Emulsion nicht auf der Unterlage haftet. Ein Kunstgriff ist notwendig, um das Haften, eine wichtige Voraussetzung für die Filmherstellung, zu ermöglichen. Dieser Kunstgriff ist die sogenannte Präparations- oder Substratschicht, die nur eine Dicke von 0,1 bis 0,5 µm aufweist. Die Lösung, die als Präparationsschicht auf die Unterlage aufgetragen wird, enthält einerseits ein Lösungsmittel für die Unterlage und andererseits eines für Gelatine.

Ein typisches Präparationsrezept ist:

Gelatine	1 g	
Benzoylessigsäure	2 g	(Härtesubstanz)
Wasser	4 g	
Methanol	28 g	
Aceton	65 g	

Vielfach wird das Wasser durch Aethylenchlorhydrin ersetzt und der Präparationslösung auch noch Cellitlösung zugegeben.

Das Lösungsmittel rauht die Unterlage an und ermöglicht den Gelatinemolekülen sich innig mit den Unterlagemolekülen zu mischen. Die Präparationsschicht haftet dadurch fest auf der Unterlage und enthält an ihrer Oberfläche im wesentlichen nur Gelatinemoleküle, die sich ihrerseits leicht mit den Gelatinemolekülen der darübergegossenen Emulsion verknüpfen und dadurch das Haften der Emulsion auf der Unterlage ermöglichen.

Für Kinofilme und noch mehr für die Filme der Reproduktionstechnik und der Kartographie ist eine hohe Maßhaltigkeit der Unterlage von größter Bedeutung.

Um für den Begriff Maßhaltigkeit Zahlenwerte zu erhalten, bestimmt man erstens die Verlängerung eines Filmstreifens nach Einwirkung von Luftfeuchtigkeit, zweitens die Schrumpfung, d. h. die Verkürzung des Films bei natürlicher Lagerung, bei extremer Lagerung in Heiz- oder Tropenräumen und beim Durchlauf des Films durch Projektoren, drittens die sogenannte Wasserlängung des Films, die während seiner Behandlung in den Entwicklungsbändern reversibel und irreversibel auftritt.

In dieser Beziehung liegen die Verhältnisse bei der Acetylcelluloseunterlage besonders ungünstig, weil sie

1. durch ihre Herstellung aus einer Lösung Restlösemittel enthält, das durch fortschreitende Verdunstung zur Schrumpfung der Unterlage führt,
2. Weichmacher benötigt, die ebenfalls nicht fest in der Unterlage haften und
3. durch die freien OH-Gruppen im Acetylcellulosemolekül eine feuchtigkeitsabhängige Ausdehnung erfährt.

Diese unbefriedigenden Eigenschaften der Acetylcelluloseunterlage waren Ausgangspunkt umfangreicher Versuche zum Einsatz synthetischer Hochpolymere als Filmunterlage.

Nach anfänglichen Versuchen mit den verschiedensten Kunststoffen haben sich drei Gruppen als besonders günstig erwiesen, nämlich Polyester, Polycarbonate [35] und Polystyrol. Aber auch aus diesem Sortiment ist am Ende nur ein Kunststoff und zwar ein Polyester übriggeblieben, der bezüglich Herstellung und Eigenschaften allen Anforderungen am ehesten gerecht wird. Die Polycarbonate zeigen bei längerer Lagerung Fließverhalten und Polystyrol erreicht bezüglich Reißfestigkeit und Dehnung nicht so günstige Werte wie der Polyester.

Der Polyester Polyaethylenterephthalat (Cronar, Melines, Grisuten u. a.), [36] benötigt keine Weichmacher, enthält kein Restlösemittel, weil die Folie aus dem Schmelzfluß hergestellt wird und zeigt praktisch überhaupt keine Wasseraufnahme. In Tab. 2 werden die Eigenschaften dieses Polyesters denen der Acetatfolie gegenübergestellt.

Tabelle 2

	Spez. Gew. g/cm³	Reiß-festig-keit kg/mm²	Dehnung %	Längung durch Wasser-aufnahme b. 90% r. F. %	Wärme-beständig-keit °C
Cellulose-acetat	1,29	10–11	20–40	1,2–3,2	90
Polyester gereckt	1,38	17–30	70–150	0,2	200

Die Herstellung von Polyaethylenterephthalat geht vom p-Xylol aus, das durch Luftoxydation in Terephthalsäure überführt wird. Die Terephthalsäure wird mit Methanol verestert. Durch Umesterung mit einem Überschuß an Aethylenglykol (Katalysator: Zinkborat, PbO, Li-, Na-, Ca-Hydrid oder organische Salze des Cd, Mg,

Zn) entsteht der Polyester. Molekulargewicht: ~ 15000; Schmelzpunkt: ~ 260°C.

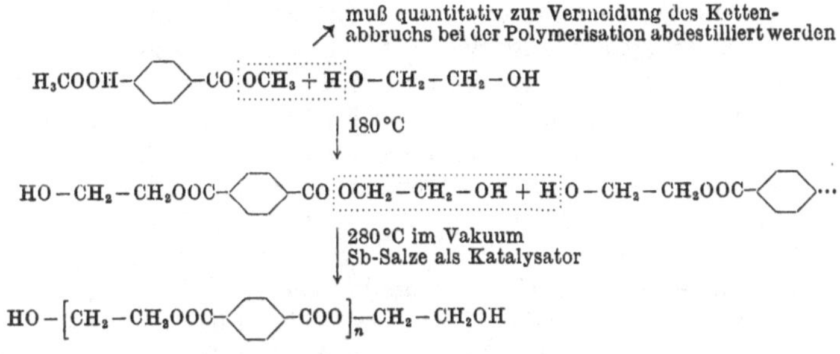

Die Herstellung der Folie erfolgt in drei Stufen:

1. Das Polymere wird über eine Schneckenpresse aufgeschmolzen und durch einen Schlitz gepreßt. Es tritt als endlose Folie heraus und wird sofort gekühlt.
2. Die Folie wird in beiden Richtungen unter Erwärmung um das Mehrfache (bis 1:4) der Ausgangsmaße gereckt, je nach der Stärke, in der die Folie gewünscht wird.
3. Die orientierte Folie wird bei einer Temperatur von über ca. 200°C unter Spannung fixiert, um die Schrumpftendenz bei hohen Gebrauchstemperaturen auszuschalten.

Durch den Reckprozeß wird eine wesentliche Vergütung der Folie in bezug auf die Festigkeits- und Dehnungswerte erreicht. Damit erhalten auch Maßhaltigkeit und Abriebfestigkeit Werte, die weit über denen der Acetylcellulose liegen.

Die Schwierigkeit beim Einsatz der Polyesterunterlage (PETP-Unterlage) war die Auffindung einer geeigneten Präparation. Es ließ sich hier nicht das gleiche Prinzip wie bei der Acetatfolie anwenden, weil Polyester nicht in Aceton oder Methanol löslich ist. Deshalb werden eine oder sogar mehrere Übergangsschichten, die Mischpolyester mit sinkendem Polymerisationsgrad in 1,2-Dichloräthanlösung enthalten, aufgetragen. Dann erst hat eine

Präparationsschicht üblicher Zusammensetzung die erforderliche Haftsicherheit [37].

Nach Lösung des Haftproblems hat die Polyesterunterlage die Acetatfolie schnell verdrängt, aber nur dort, wo unbedingt Maßhaltigkeit gefordert oder ausschließlich mit Formatware gearbeitet wird (Phototechnisches Material, Röntgenfilme, Planfilme). Trotzdem beide Unterlagen preislich etwa gleich liegen, wird Polyester für Kinofilme, die den weitaus größten Marktanteil haben, nicht eingesetzt, weil paradoxerweise hier seine besonders hohe Zerreißfestigkeit eine bis heute unüberwindliche Schwierigkeit darstellt. Die Zerreißfestigkeit ist so hoch, daß es beim Einsatz von Polyester in Kameras, Bearbeitungs-, Entwicklungs- und Vorführmaschinen, wenn Störungen auftreten, eher zum Verbiegen von Maschinenteilen, als zum Reißen des Films kommt.

Neben transparenter (durchsichtiger) Unterlage für die Filmherstellung wird für die Anfertigung von Aufsichtsbildern ein opaker (undurchsichtiger) Schichtträger benutzt. Im Allgemeinen verwendet man dazu Papier (TGL 9785, Nov. 1960) oder Karton, deren Reflexionsvermögen durch eine Barytage (feinverteiltes Bariumsulfat als Weißpigment in einer Gelatineschicht) wesentlich erhöht wird. Das Papier hat zwei Nachteile, besonders im Hinblick auf Farbmaterialien. Seine hohe Quellfähigkeit führt zu einer starken Verschleppung der Entwicklungsbäder und erschwert die Auswaschbarkeit der Chemikalien. Die erwünschte glänzende Bildoberfläche wird nur durch eine zusätzliche Bearbeitung nach der Entwicklung, die Hochglanztrocknung, erreicht.

Wegen dieser Nachteile ist man verschiedentlich, aber nur bei Farbmaterialien, dazu übergegangen, T-Cellit mit dem Weißpigment Titandioxid einzufärben und als Weißfilm anstelle von Papier trotz des höheren Preises einzusetzen.

Die jüngste Tendenz ist das beidseitige Kaschieren von Papierunterlage mit einer dünnen Polyäthylenfolie. Dadurch verliert das Papier seine Wasseraufnahmefähigkeit und liefert, mit Emulsion beschichtet, nach Entwicklung und normaler Trocknung eine hochglänzende Oberfläche. Allerdings läßt sich bei Polyäthylen die Haftvermittlung zwischen Unterlage und Emulsion nicht mehr durch eine Präparation erreichen. In diesem Fall werden durch Korona- (elektrische) Entladungen auf der Polyäthylenoberfläche Molekülbruchstellen mit Radikalcharakter erzeugt, die bei der danach vorzunehmenden Beschichtung mit Emulsion die Verknüpfung mit Gelatine und damit die Haftung besorgen. Die Beschichtung muß sehr bald nach der Entladung erfolgen, weil sich sonst die Molekülbruchstellen zurückbilden.

3. Gelatine

Nach dem Silberhalogenid ist die Gelatine der wichtigste Bestandteil einer photographischen Schicht. Sie hat einerseits nahezu ideale Eigenschaften als Träger für die lichtempfindlichen Kristalle:

1. Sie ist leicht zugänglich und im Vergleich zu Kunststoffen billig.
2. Sie ist fast farblos und auch für Infrarotlicht weitgehend durchlässig.
3. Sie löst sich leicht in Wasser mit hoher Viskosität.
4. Sie verhindert durch ihre kolloidchemischen Eigenschaften weitgehend die Sedimentation der lichtempfindlichen Kristalle.
5. Bis hinunter zu 1%igen, wäßrigen Lösungen erstarrt sie bei ca. 25 °C zu einer Gallerte (daher der Name für Gelatine, lat.: gelatus = gefroren, vor Kälte erstarrt). Diese Eigenschaft ist entscheidend wichtig für den Filmbeguß, bei dem die etwa 35° warme Emulsion entweder mit Hilfe des Tauchprinzips (Einzelschichtbeguß mit Begießgeschwindigkeiten bis höchstens 20 m/min) aufgetragen wird oder — in zunehmenden Maße — mit Kaskadengießern (Abb. 8), bei denen Mehrschichtenbeguß und, bei entsprechenden Benetzungseigenschaften der Emul-

sion, Begießgeschwindigkeiten bis zu 70 m/min möglich sind [38] und bei denen sich überraschenderweise die zähflüssigen Emulsionen beim Übereinanderlaufen nicht im mindesten vermischen.

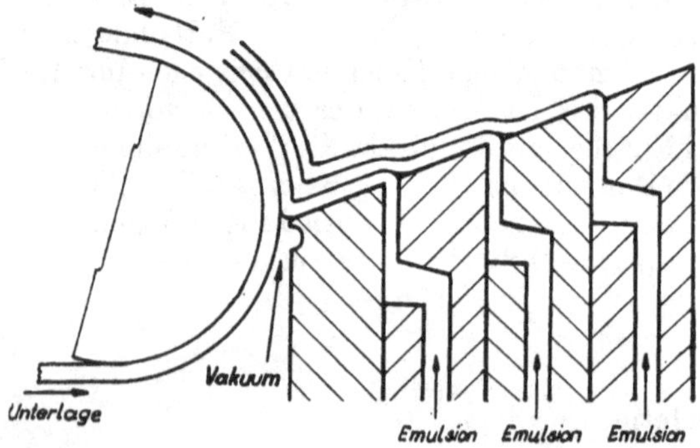

Abb. 8

6. Die Gallerte läßt sich, besonders als dünne Schicht, leicht trocknen (Filmbeguß).
7. Trockene Gelatineschichten sind einigermaßen elastisch, mechanisch widerstandsfähig und fast unbegrenzt haltbar (S. 44).
8. Trockene Gelatineschichten quellen in kaltem Wasser und ermöglichen das leichte Eindiffundieren von Salzlösungen, was für den Entwicklungsvorgang unerläßlich ist.

Andererseits ist die Gelatine auch unmittelbar an der Ausbildung der photographischen Eigenschaften der Emulsionen beteiligt.

1. Sie steuert durch Hemmkörper teilweise das Kristallwachstum bei der Fällung des Silberhalogenids, vorwiegend aber die chemische Reifung und bildet ein sehr fest haftendes Häutchen um jeden Kristall (Schutzkolloid) [39]. Das Gelatinehäutchen um jeden Kristall hemmt nicht das Kornwachstum, ist aber doch so fest adsorbiert, daß es weder durch Waschen mit 70° heißem Wasser noch durch fermentativen Abbau der Emulsionsgelatine unter milden Bedingungen beseitigt werden kann.

Daß es sich bei den Hemmkörpern in erster Linie um Adenin und Guanin handelt, wurde von Birr [40] entdeckt. Spätere Arbeiten von Pouradier haben gezeigt, daß nur die Nucleinsäuren Adenin, Guanin, Xanthin, Hypoxanthin und Desoxiribonucleinsäure Hemmwirkung haben und zwar in der angegebenen Reihenfolge abnehmend [41]. Knochengelatine enthält 0,02 bis 0,03%, Hautgelatine 0,05 bis 0,5‰ Adenin. Zugabe von 0,01% Adenin zur Emulsion verlängert die 2. Reifung auf das 1,5 bis 2fache.

Der höhere Adeningehalt bei Hautgelatinen stimmt mit der Tatsache überein, daß sie bessere photographische Eigenschaften haben als Knochengelatinen. Es ist wahrscheinlich, aber bis heute nicht geklärt, daß die Nucleinsäuren nicht die einzigen Substanzen in der Gelatine sind, die unter der Bezeichnung Hemmkörper die Herstellung lichtempfindlicher Emulsionen so günstig beeinflussen. Die Bezeichnung „Hemmkörper" darf nicht als Verzögerung der Silberhalogenidfällung im Sinne der Ammann-Brassschen Trübungsmessung gesehen werden, sondern im Zusammenhang mit der 2. Reifung, bei der durch diese Substanzen die Schleierbildung gehemmt und damit die Empfindlichkeit erhöht wird, weil eine Reifzeitverlängerung möglich ist.

2. Gelatine begünstigt die Entstehung photographisch wirksamer Keime (Ag, Ag_2S) bei der chemischen Reifung und bestimmt auf diese Weise in hohem Maße die photographischen Eigenschaften der entstehenden Emulsion:
   a) durch ihre reduzierenden Eigenschaften (Gehalt der Gelatine an Sulfit und Aldehyd),
   b) durch ihren Schwefelgehalt, 0—20 mg/kg (chemische Sensibilisatoren),
   c) durch ihre Wirkung als Bromakzeptor auf Grund ihres Gehaltes an Tyrosin, Methionin und Histidin [42],
   d) durch die Bildung eines verhältnismäßig leicht löslichen Silbergelatinatkomplexes (Komplexbildungskonstante $K = 1{,}3 \cdot 10^{-4}$ Mol/l) und
   e) durch zum Teil nur in Spuren vorhandene Nebenbestandteile, wie z. B. Kontrastkörper, die die Gradation der Emulsion beeinflussen. Thiazolidin-4-carbonsäure

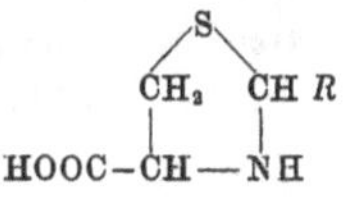

Gelatine wird aus Knochen und Häuten gewonnen [43]. Knochen enthalten neben 1 bis 3% Fett 50 bis 60% $Ca_3(PO_4)_2$ = Apatit und 25 bis 35% Knorpelsubstanz. Der Fettgehalt, der Ausbeute und Qualität der Gelatine mindert, wird durch Herausschmelzen des Fettes mit siedendem Wasser beseitigt. Entfettung durch organische Lösungsmittel, besonders durch chlorierte Kohlenwasserstoffe, wird trotz höherer Ausbeute und vollständiger Fettfreiheit wegen der Änderung photographischer Eigenschaften, wie Schleierneigung, meist nicht angewendet. Nur mit hochgereinigtem Benzin kommt man zu einigermaßen befriedigenden Ergebnissen. Zur Entfernung der anorganischen Bestandteile werden die meist zu wallnußgroßen Stücken gebrochenen Knochen 4 bis 10 Tage einer Säurebehandlung (verd. HCl, H_2SO_4, H_3PO_4), der Mazeration, unterworfen. Der Rückstand, die biegsame Knorpelsubstanz, das sogenannte Ossein (os = Knochen), entspricht dem Kollagen (= Leimbildner) als der leimgebenden Substanz der Häute. Die weitere Aufarbeitung ist bei Ossein und Kollagen gleich. Es folgt die Kälkung in großen Gruben unter Verwendung von Kalkmilch mit Bodenkörper zur Konstanthaltung des pH-Wertes. Dieser Vorgang dauert 20 bis 60 Tage und ist entscheidend für die Ausbildung der photographischen Eigenschaften (kurze Kälkung, geringe Empfindlichkeit). Das Restfett wird dabei in unlösliche Kalkseifen überführt, artfremde, niedermolekulare Proteine gehen in Lösung, und das Kollagen- bzw. Osseingefüge wird durch mäßige Hydrolyse so weit gelockert, daß das Reaktionsprodukt, das Glutin, Wasserlöslichkeit zeigt. Die anschließende Verkochung (Heißwasserhydrolyse) dient zur Lösung der Gelatine, setzt etwa bei 40° ein und wird fraktioniert durchgeführt. Die photographische Qualität der einzelnen „Abzüge" sinkt mit steigender Lösetemperatur. Hauptsächlich die ersten beiden Abzüge (40 bis 50° und 50 bis 60°) ergeben photographisch aktive Emulsionsgelatinen.

Die Gelatine ist ein Eiweißkörper etwa folgender Zusammensetzung:

Tabelle 3

	g Aminosäure/100 g Protein			
	Kollagen	Gelatine II gereinigt	losliches Kollagen	Eastman Kodak Gelatine
Alanin	$10{,}3_2$	11,3	11,6	11,1
Glycin	$26{,}5_7$	27,6	26,2	27,5
Valine	$2{,}4_6$	$2{,}6_3$	$2{,}4_5$	$2{,}6_9$
Leucin	$3{,}7_3$	$3{,}3_6$	$3{,}4_4$	$3{,}4_2$
Isoleucin	$1{,}8_8$	1,7	1,5	$1{,}7_6$
Prolin	$14{,}4_2$	16,5	16,3	16,5
Phenylalanin	$2{,}3_5$	$2{,}2_3$	2,2	2,2
Tyrosin	$0{,}9_9$	0,23	0,16	0,14
Serin	$4{,}2_7$	4,1	4,0	4,0
Threonin	$2{,}2_6$	2,27	2,3	$2{,}2_8$
Methionin	$0{,}9_7$	$0{,}8_2$	0,6	$0{,}6_5$
Arginin	$8{,}2_2$	8,9	8,6	5,7
Histidin	0,7	$0{,}7_6$	0,5	$0{,}8_2$
Lysin	$3{,}9_6$	4,7	4,7	$4{,}6_1$
Asparaginsäure	$6{,}9_5$	6,6	6,3	6,7
Glutaminsäure	$11{,}1_6$	11,4	10,9	11,5
Hydroxyprolin	$12{,}8_3$	14,4	14,9	14,9
Hydroxylysin	1,0	1,0	0,8	1,09
Ornithin	—	—	—	2,56
Amid N	0,43	0,08	0,102	0,014
Gesamt N	18,6	18,12	—	17,76

Die Aminosäureketten sind schraubenförmig angeordnet (α-Helix) und können in Zickzack-

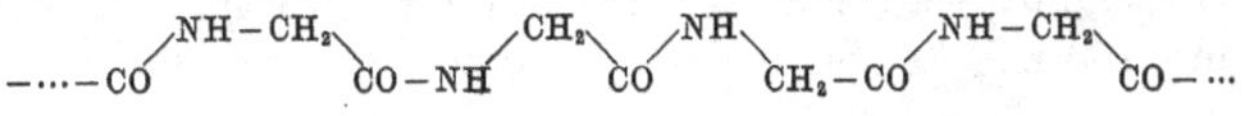

oder in Piperazin-Struktur (beim isoelektrischen Punkt)

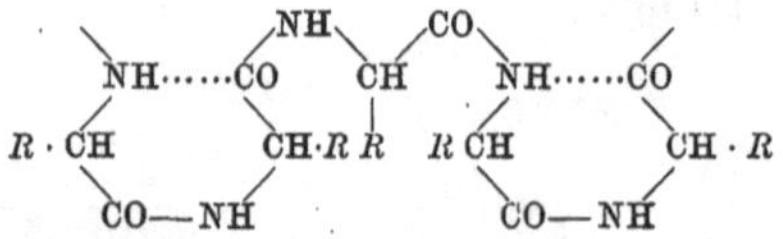

vorliegen. Die Ketten sind untereinander durch Wasserstoffbrücken und valenzmäßige Querverbindungen verknüpft. An Bindungsarten kommen neben der Säureamid- und der Wasserstoffbrückenbindung vor: Aether-(Oxyaminosäuren), Ester-(Dicarbonsäuren), Imido-(-CH_2-NH-CH_2-), Aminopeptit- (=CH—CO—NH—CO—CH=) und Disulfidbindungen (Cystin).

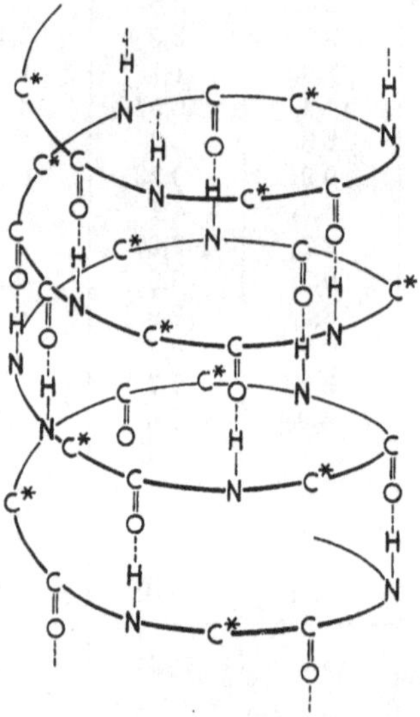

Abb. 9 Schemazeichnung einer α-Helix. (Doty, P.: Coll. Czech. Chem. Comm., Symposionsheft Prag, 1957, S. 8 (Abb. 3b)

Das Molekulargewicht der Gelatine liegt je nach Abbaugrad während der Herstellung zwischen 15.000 und 250000, der Schmelzpunkt einer 10%igen wäßrigen

Gallerte entsprechend bei 30 bis 33°, die Schmelze erstarrt beim Abkühlen ca. 6° niedriger. Ein Gelatinemolekül hat eine Länge von 250 bis 300 nm (entspricht etwa einem Molekulargewicht von 150000), einen Durchmesser der Stäbchen von etwa 1,5 nm und setzt sich aus rund 1300 Aminosäureresten zusammen [44]. Die Gelatine ist amphoter, weil sie zugleich saure und alkalische Gruppen enthält. Sie hat daher einen isoelektrischen Punkt, der eine für bestimmte Gelatineeigenschaften charakteristische Größe darstellt. Im Bereich des isoelektrischen Punktes beobachtet man stark verringerte Löslichkeit, ein Oberflächenspannungs-, Viskositäts- und Quellungsminimum. Der isoelektrische Punkt richtet sich nach der Art des Kollagenaufschlusses. Bei alkalischem Aufschluß liegt er bei pH 4,8 bis 5,2 und bei saurem Aufschluß um pH 7 [85].

Über die für Herstellung und Verarbeitung von Emulsionsschichten so wichtige Mikrostruktur der Gelatine hat Jolley berichtet [45]. Die Gelatine ist ein halbkristallines Polymermaterial. Bei ihrer Heißtrocknung bleibt die regellose Struktur der Einzelketten wie in wäßriger Lösung erhalten. Bei der Kalttrocknung dagegen kommt es zu einer teilweisen Kristallisierung und damit zur Änderung physikalischer Eigenschaften (Wasseraufnahme, Quellung; siehe auch Härtung).

An die Eignung der Gelatine für photographische Zwecke knüpfen sich sowohl hinsichtlich der mechanisch-physikalischen Eigenschaften (Schmelz- und Erstarrungspunkt, Viskosität, Quellung), als auch hinsichtlich der photographischen Eigenschaften hohe Anforderungen. Für die Prüfung der letzteren sind eine große Anzahl von Untersuchungsmethoden bekannt geworden [46]. Die wichtigsten sind zweifellos die *R*- (Reduktion) und S- (Schwefel) Wertbestimmungen und die Trübungsmessung nach Ammann-Brass (TGL 143-502, Aug. 1963).

R-Wert: Bestimmung des Sulfitgehaltes durch Jodtitration. ~ 600 mg. SO_2/kg Gelatine. SO_2 wirkt als chemischer-, wahrscheinlich als Reduktionssensibilisator.

S-Wert: Bestimmung des labilen Schwefels, d. h. des Schwefels, der unter den Bedingungen der Emulsionsherstellung mit Silberionen reagiert. Man läßt Silberionen ($AgNO_3$) 1–3 Stunden bei 70° auf die Gelatinelösung (enthält 0,5% Cl^-; pH = 6,5; $P_{Ag} \sim 7$) einwirken. Es bildet sich Ag und Ag_2S, die man durch Bichromat – und Jodtitration bestimmen kann [47].

AMMANN-BRASS: Die Trübung einer Gelatinelösung bei der Silberhalogenidfällung wird nach bestimmter Zeit bei verschiedenen Temperaturen oder umgekehrt bei bestimmter Temperatur nach steigenden Zeiten in Abhängigkeit von der Gelatinekonzentration gemessen. Sie bietet einen gewissen Anhalt für Hemm- und Reifwirkung der Gelatine. Je schneller sich die Lösung trübt, je geringer ist die Hemmwirkung.

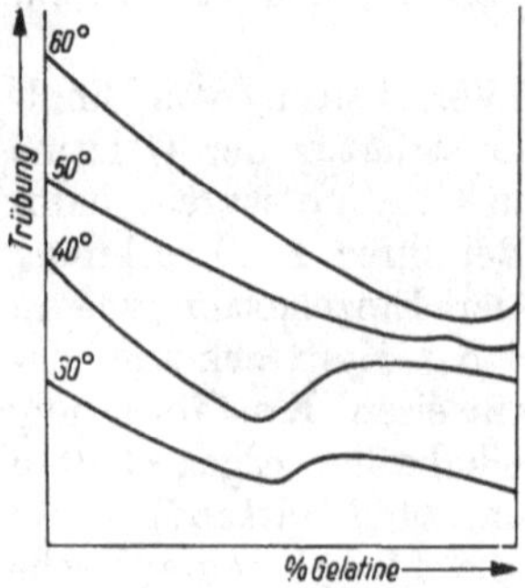

Abb. 10 Gelatineprüfung durch Trübungsmessung nach AMMANN-BRASS (Gelatine (gehemmt)

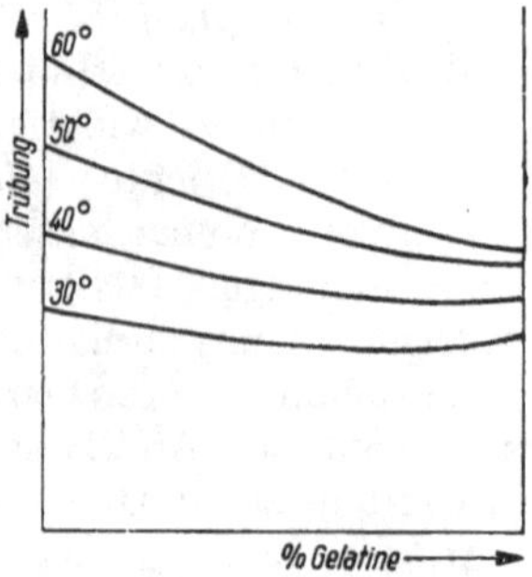

Abb. 11 Gelatineprüfung durch Trübungsmessung nach AMMANN-BRASS Gelatine (ungehemmt)

Alle diese Methoden haben bis heute nur Hinweischarakter und ersparen nicht die Prüfung jedes Gelatinemusters durch praktische Emulsionsherstellung.

Neben der Verwendung zur Emulsionsherstellung dient die Gelatine in der Photofabrikation noch als sogenannte „Hilfsgelatine“ für Lichthofschutz-, Rückguß- (NC-Schichten: non-curling = nicht rollend),

Überzugsschichten und zur Präparation (Substrierung) der Unterlage. Von diesen Gelatinen verlangt man keine besonderen photochemischen Qualitäten, aber muß doch z. T. erhebliche Ansprüche an ihre physikalischen Eigenschaften, z. B. die Viskosität ihrer Lösung stellen.

Ähnlich wie bei der Unterlage lassen sich auch die mechanischen Eigenschaften der Gelatine-Emulsionsschichten, die besonders nach Härtung und Lagerung leicht spröde und brüchig werden, durch Zusatz von Weichmachern verbessern. Die am längsten bekannten Weichmacher sind Polyalkohole, besonders das Glyzerin, die aber alle den Nachteil besitzen, hygroskopisch zu sein. Als besser geeignet wurden Amine mit unverzweigten langkettigen (C_6 bis C_{18}) aliphatischen Resten oder sulfurierte Fettsäuren vorgeschlagen. Auch langkettige Ester der Phosphorsäure, Derivate des N-acylierten Caprolactams und Oxyaethylcellulose werden empfohlen [48]. Der teilweise Gelatineersatz (zum Beispiel 10 bis 20%) durch Polymere zur Verbesserung der mechanischen Eigenschaften des Films bewährt sich so gut, daß er in steigendem Maße angewendet wird. Vorzugsweise kommen Copolymere aus Styrol und Butadien oder Methacrylsäurederivate zum Einsatz.

Eine andere Möglichkeit zur Veränderung der Gelatineeigenschaften, vor allem zur Erzielung einer besseren Flockbarkeit der Gelatine bei pH-Änderung (Emulsionsflockung), ist die Herstellung von Gelatinederivaten oder die Abmischung mit gelatineähnlichen Hochpolymeren z. B. Casein. Derivate können hergestellt werden durch Umsetzung der Gelatine mit Carbonsäureanhydriden, -chloriden-sulfonylchloriden, Vinylsulfonamiden oder Gemischen aus Alkylacrylat mit Divinylbenzol. Die gebräuchlichsten sind bis jetzt die Phthalate und die N-Phenylharnstoffderivate. Die Reaktion greift an der freien Aminogruppe der Gelatine an. Daher sind diese Derivate unter pH 4,5 wasserunlöslich und eignen sich sehr gut für Flockemulsionen [48].

Die für die Emulsionsherstellung unbefriedigenden Eigenschaften der Gelatine, in erster Linie ihre Feucht- und Wärmeempfindlichkeit, aus der schlechte Maßhaltigkeit, Sprödigkeit und Einrolltendenz des Filmes resultieren, aber auch ihre Ungleichmäßigkeit von Sud zu Sud (Abmischung mehrerer Abzüge), die kostspielige Prüfungen erfordert, sowie die Angreifbarkeit der Gelatine durch Mikroorganismen, haben zu intensiven Bemühungen geführt, die Gelatine ganz oder teilweise durch moderne Kunststoffe zu ersetzen [49]. Der meist untersuchte Gelatineersatz bzw. Zusatz ist Polyvinylalkohol mit seinen Abkömmlingen. Aber selbst auf dieser Basis ist noch kein Film-Material im Handel erschienen. Keiner der untersuchten Kunststoffe fördert so wie Gelatine die Bildung photographisch hochwirksamer Silberhalogenidkristalle. Auch die Quellfähigkeit der Hochpolymere, der wichtigsten Vorraussetzung für eine optimale Entwicklung, liegt weit unter der der Gelatine.

Die Tendenz in der Photoindustrie geht aus technologischen Gründen (schnellere Trocknung der Filmschichten bei der Herstellung und Entwicklung), aus photographischen (Verbesserung der Konturenschärfe) und aus Rentabilitätsgründen in Richtung sehr dünner Emulsionsschichten. In dem Maße, in dem die Emulsionsschichten dünner werden, treten ihre, besonders durch die Gelatine hervorgerufenen schlechten mechanischen Eigenschaften, gegenüber den guten der Filmunterlage zurück. Zum anderen wird die Gelatine unter einem empfindlichen Naturstoff in keiner Weise gerechtwerdenden Aufarbeitungsbedingungen gewonnen. Dadurch hat die Gelatine wahrscheinlich nur noch wenig Ähnlichkeit mit ihrem Ausgangsprodukt, dem Knocheneiweiß, und unterliegt in ihrer Qualität starken Schwankungen, die um so geringer werden, je schonender man mit modernen Methoden der Naturstoffaufarbeitung an die Isolierung der Gelatine herangehen wird. Das Ausgangsprodukt , das Knocheneiweiß, übertrifft, sofern einheitliches Knochen- oder Hautmaterial vorliegt, an Gleichmäßigkeit mit

Sicherheit den besten Kunststoff, weil die Natur nach genau festgelegtem Bauschema jedes einzelne Molekül synthetisiert. Beide Überlegungen sprechen für eine auch weiterhin anhaltende Konkurrenzfähigkeit der Gelatine gegenüber Kunststoffen [50].

4. Emulsion [43]

In einer normalen Schwarz-Weiß-Negativschicht befinden sich pro cm^2 ca. 10^9 AgBr-Körner in 20 bis 40 Schichten übereinander. Das photographische Bild ist daher nicht homogen, sondern setzt sich aus unzähligen punktförmigen Einzelteilen zusammen. Nach unserer heutigen Erkenntnis besitzen gleichgroße Silberhalogenidkörner einer Emulsion gleiche Treffer- und Absorptionswahrscheinlichkeit für Lichtquanten und können daher in erster Näherung als gleichempfindlich angesehen werden. Unterschiede in der Keimbildung von Korn zu Korn bei der chemischen Reifung können bis zu einem gewissen Grade die Gleichempfindlichkeit gleichgroßer Körner stören. Sofern die Silberhalogenidkristalle einen Entwicklungskeim besitzen, werden sie auch etwa gleichschnell entwickelt. Mehrere Entwicklungskeime in einem Kristall tragen nur wenig zur weiteren Entwicklungsbeschleunigung bei. Es ist nicht so, daß an einer schwach belichteten Stelle alle Silberhalogenidkristalle ein wenig entwickelt werden, vielmehr hat jeder Kristall nur zwei Möglichkeiten, entweder unentwickelt zu bleiben, oder völlig durchentwickelt (reduziert) zu werden. Eine Emulsionsschicht mit einheitlicher Korngröße kann daher kein gut abgestuftes photographisches Bild ergeben, denn bei einer für die Entwickelbarkeit erforderlichen Mindestbelichtung würde der größte Teil der Körner entwickelbar sein und dann auch entwickelt werden. Alle Lichtstärken über der Schwelle ergäben Schwarz, und alle

Lichtstärken unter der Schwelle ergäben Weiß. Man hätte ein Material mit extrem hohen Kontrasten (steile Gradation), wie es für gewisse Zwecke, z. B. für Schriftreproduktionen erwünscht ist. Je weiter die Korngrößen der einzelnen Kristalle einer Emulsion voneinander abweichen, desto unterschiedlicher sind die Empfindlichkeiten der einzelnen Körner und desto detaillierter werden geringe Leuchtdichteunterschiede im Objekt von der photographischen Schicht wiedergegeben (flache Gradation, wie sie die bildmäßige Photographie erfordert).

Aus der Korngrößenverteilung, auf deren grundlegende Bedeutung Mees 1915 hingewiesen hat, lassen sich die wichtigsten Eigenschaften einer photographischen Schicht, die sich aus dem statistischen Zusammenwirken einer großen Zahl von Einzelvorgängen ergeben, erkennen. Sie wird ermittelt durch Bestimmung des Flächeninhaltes von 500 bis 1000 Einzelkristallen an einer elektronenmikroskopischen Aufnahme der Emulsionsprobe. Die gefundenen Daten werden graphisch dargestellt (Abszisse: Kornfläche; Ordinate: Kornzahl) und ergeben die Korngrößenverteilungskurve, die der Gaussschen Glockenkurve ähnlich ist. Je steiler die Flanken der Kurve sind, um so einheitlicher ist die Korngröße, um so steiler ist die Gradation der Emulsion, und je größer die Silberhalogenidkristalle sind, um so höher ist im allgemeinen ihre Empfindlichkeit.

Es gibt zwei Emulsionsarten, die Neutral- oder Koch- und die Ammoniakemulsionen. Eine Kochemulsion mittlerer Empfindlichkeit kann z. B. folgendermaßen hergestellt werden:

I	II	III
1400 *ml* H_2O	1500 *ml* H_2O	800 g Gelatine
35 g Gelatine	2200 *ml* n $AgNO_3$-Lösung	
2470 *ml* n KBr-Lösung		
118 *ml* n KJ-Lösung		

I: Die bei Zimmertemperatur 10 bis 30 Minuten in Wasser gequollene Gelatine wird durch Erhitzen gelöst, dann erfolgt die Zugabe der Salze. Statt KBr kann NH_4Br oder $CdBr_2$ eingesetzt werden.

50% der Lösung II läßt man bei 70° unter Rühren innerhalb 1 Minute und den Rest innerhalb 30 Minuten in die Lösung I einfließen. In der ersten Minute entsteht eine große Zahl von Kristallkeimen, die während der anschließenden langsamen Zugabe des $AgNO_3$ wachsen (erste oder physikalische Reifung). Die Kristallvergrößerung kann einerseits durch die Auflösung kleiner Kristalle zugunsten des Wachstums der größeren (Ostwaldreifung) und andererseits durch Verschmelzung mehrerer kleiner Kristalle erfolgen. Den Vorgang des Verschmelzens bzw. des Zusammenklebens mehrerer kleiner Kristalle oder bevorzugt kleiner an große Kristalle, bezeichnet man als Koaleszenz. HAUTOT nimmt an, daß das Wachstum der Körner bei langsamer Emulsionierung durch Ostwaldreifung und bei rascher Emulsionierung vorwiegend durch Koaleszenz erfolgt. Die größten Körner, die bei der ersten Reifung entstehen, haben einen Durchmesser von 3 μm.

Emulsionsart	Mittlerer Korndurchmesser
Röntgen	0,9 bis 1,5 μm
Negativ (empfindlich)	0,6 bis 0,9 μm
Positiv (unempfindlich)	0,3 bis 0,6 μm
Repro	0,1 bis 0,3 μm

Zur Vermeidung der Silberreduktion durch die Gelatine (Schleierbildung) wird mit einem Br-Ionen-Überschuß gearbeitet. Nach beendeter Fällung wird III zugegeben, 10 bis 15 Minuten digeriert und bis zur Erstarrung gekühlt. Die Emulsion ist nach der ersten Reifung 7 bis 10%ig an Gelatine.

Die Ammoniakemulsion hat eine der Kochemulsion ähnliche Rezeptur, nur daß ihre Reaktionstemperatur wesentlich niedriger liegt (35° bis 45 °C), weil das Ammoniak als Silberhalogenidlösungsmittel das Kristallwachstum mindestens in gleicher Weise begünstigt wie eine hohe Reaktionstemperatur. Die Zugabe des Ammoniaks erfolgt meist zur $AgNO_3$-Lösung, und zwar etwa im molaren Verhältnis $AgNO_3:NH_3 = 1:2$ bis $1:3$. Der pH-Wert der Ammoniakemulsion liegt mit 8,5 bis 9 höher als der der Kochemulsion und wird daher vor der Nachreifung häufig mit Essigsäure auf ca. pH 7 erniedrigt.

Im allgemeinen ergeben Ammoniakemulsionen grobe, relativ einheitliche Körner mit hoher Empfindlichkeit und steiler Gradation (z. B. für Röntgenfilme), während Kochemulsionen zur Herstellung feinkörniger, unempfindlicher (Positiv-Emulsion), aber auch weichgraduierter Negativ-Emulsionen eingesetzt werden.

Für die Silberhalogenidfällung kann man neben der bisher beschriebenen Arbeitsweise die Doppeleinlaufmethode anwenden, bei der man gleichzeitig in genau dosierter Menge KBr- und $AgNO_3$-Lösung in die vorgelegte Gelatinelösung einfließen läßt. Man erhält in diesem Fall, besonders wenn man bei niedrigerer Temperatur (40°) arbeitet, sehr kleine, einheitliche Kristalle, wie man sie z. B. für Kernemulsionen braucht.

In diesen Fällschemen liegt eine unbegrenzte Zahl von Variationsmöglichkeiten zur Steuerung der photographischen Eigenschaften der entstehenden Emulsionen. Schnelle Fällung des AgBr (kurze erste Reifung) ergibt feines Korn, geringe Empfindlichkeit und steile Gradation. Erhöhung der Reaktionstemperatur führt zu größeren Kristallen und damit zu höherer Empfindlichkeit. Dasselbe wird erreicht durch Verlängerung der 2. Einlauf- und der Digestionszeit. Empfindlichkeitssteigerung ist auch durch Erhöhung des AgJ-Anteiles möglich. Erhöhung der Gelatinemenge hemmt das Kristallwachstum. Ein Beispiel für die Abhängigkeit der photographischen Eigenschaften von dem Mengenverhältnis der beiden Silbersalzeinläufe zeigt Tabelle 4, wobei eine sachgemäße Weiterbehandlung der Emulsion (Wässerung und Nachreifung) vorausgesetzt ist.

Jede Rezeptänderung ändert zwangsläufig alle drei photographischen Größen, Empfindlichkeit, Gradation und Körnigkeit.

Tabelle 4

1. Einlauf	2. Einlauf	Empfindlichkeit $\left(E = 10 \cdot \log \frac{1}{x}\right)$	Gradation
100%	0%	$E = 5{,}4$	1,7
75%	25%	$E = 7{,}6$	1,9
50%	50%	$E = 8{,}9$	1,3
25%	75%	$E = 9{,}7$	1,1
0%	100%	$E = 9{,}7$	0,9

Die Empfindlichkeit photographischer Schwarz-Weiß-Materialien wird mit Hilfe der Lichtmenge x definiert, die erforderlich ist, um eine Schwärzung der Dichte 0,1 über dem Schleier auf der photographischen Schicht bei genau festgelegter Entwicklung hervorzurufen. Die Lichtmenge x wird in *Lux · Sekunde* gemessen. Definitionsgemäß ist die Empfindlichkeit E dem Logarithmus des reziproken Wertes von x proportional. Durch den logarithmischen Zusammenhang zwischen Belichtung und Empfindlichkeit steigt die Empfindlichkeit bei Verdopplung der Lichtmenge jeweils um einen konstanten Betrag. Im vorstehenden Beispiel bedeutet die Erhöhung des E-Wertes um 3 die Verdopplung der Empfindlichkeit. Diese Definition liegt auch dem DIN-Verfahren (TGL 16150) zugrunde.

Nach Erstarrung der Emulsion auf Kühltrommeln oder in Kühlschalen und Zerkleinerung (nudeln) wird sie zur Entfernung der K^+, NO_3^- und überschüssigen Br^--Ionen, sowie evtl. des Ammoniaks, 3 bis 6 Stunden mit Wasser von 10 bis 12 °C gewaschen. KNO_3 würde beim Trocknen der Emulsion auskristallisieren und unbefriedigende mechanische Eigenschaften verursachen. Die

Verringerung der Br^--Ionenkonzentration ist eine Voraussetzung für die Nachreifung; ein höherer Br^--Ionenüberschuß würde die Nachreifung hemmen und durch Bildung von Silberkomplexen eine unerwünschte Ostwaldreifung auslösen. Auch das Ammoniak ist wegen seiner Alkalität und seines Lösungsvermögens für Silberhalogenid vor der Weiterverarbeitung der Emulsion zu entfernen.

Die Br^-- bzw. Ag^+-Ionenkonzentration ist ein wichtiger Faktor in der Emulsionsherstellung. Die direkte Messung der Ionenkonzentration, die potentiometrisch mit Vergleichselektroden erfolgt, ergibt den p_{Ag}-Wert, der den negativen Logarithmus der Silberionenkonzentration darstellt (die Definition entspricht dem pH-Wert). Bei der Zahl 6,3 sind Ag^+- und Br^--Ionenkonzentration gleich. Mit größer werdender Zahl steigt die Br^--Ionenkonzentration (p_{Ag} 7: 1,09 mg KBr/l; p_{Ag} 8: 10,85 mg KBr/l).

An Stelle der p_{Ag}-Bestimmung genügen beim Waschvorgang in der laufenden Fabrikation die einfacheren Leitfähigkeitsmessungen, da sie bei gegebener Ansatzvorschrift mit den p_{Ag}-Werten ausreichend parallel gehen.

Zur Einsparung des arbeits- und zeitaufwendigen Waschvorganges wird nach der Ausfällung des Halogensilbers in zunehmendem Maße die Ausflockung der Emulsion durchgeführt [51]. Als Flockmittel kommen in Frage: Organische Lösungsmittel (Methanol, Aethanol, Aceton), anorganische Salze (am bekanntesten ist Na_2SO_4, vorgeschlagen werden auch Na-Tetraborat, Na_3PO_4, $Ba(NO_3)_2$, NH_4Br $(NH_4)_2SO_4$, bei pH 7 bis 11 Salze des Al, La, Y), Anionenseifen (Wasch- und Netzmittel, z. B. sulforierte, langkettige Alkyle), Polymere oder Harze. Alle diese Substanzen sind in erster Linie Fällmittel für die Gelatine, die ihrerseits das Silberhalogenid quantitativ mitreißt. Die Emulsionsfällung geht nicht ohne Schwierigkeiten: Je nach Verfahren werden große Mengen Fällmittel benötigt, oder es sind besondere Anlagen zur Lösungsmittelrückgewinnung erforderlich; häufig ist der entstandene Niederschlag schwer auswaschbar, vor allem aber ist die Reproduzierbarkeit der photographischen Eigenschaften nach der Fällung nicht immer gewährleistet. Am gebräuchlichsten sind heute Kondensationsprodukte des Formaldehyds mit β-Naphthalinsulfonsäure oder anionenaktive Polymere, die sich zum Beispiel vom Polyvinylalkohol ableiten und bei pH 3,5 zur Flockung der Gelatine führen, oder Kunststoffe wie Polystyrol, die nicht bei pH-Wertänderung flocken, sondern bei Erreichung eines bestimmten Mengenanteils des Polymeren in der Gelatine. Die Auflösung des Niederschlags, die Redispergierung, erfolgt in diesem Fall einfach durch Gelatinezusatz, durch den der Polymeranteil unter den für die Flockung kritischen Wert sinkt.

Eine zweite Möglichkeit zur Emulsionsflockung bietet der Einsatz von Gelatinederivaten zur Emulsionsherstellung. Da die bereits beschriebenen Gelatinederivate unter pH 5 unlöslich sind, genügt eine pH-Wertänderung der Emulsion, um sie zur Ausflockung zu bringen.

An Stelle der Flockmittel können auch die gelatineabbauenden Pankreas- und Biolasefermente eingesetzt werden. Mit ihrer Hilfe lassen sich nicht nur die Salze quantitativ, sondern es läßt sich auch die Gelatine selbst bis auf ein monomolekulares Häutchen um jeden Kristall entfernen. Durch die Sedimentation des Silberhalogenids werden die photographischen Eigenschaften selbst einer hochempfindlich sensibilisierten Emulsion nicht verändert. Der Nachteil beim Einsatz von Fermenten ist der zu langsame Ablauf der Reaktion.

Am Schluß der Wässerung bzw. nach Redispergierung des gefällten Silberhalogenids wird die Emulsion durch Zusatz geringer Mengen von Phenol oder anderer geeigneter Mittel wie Raschit (= p-Chlor-m-Kresol) mit 0,2 bis 1% des Gewichtes der trockenen Emulsion desinfiziert. Die erstarrten Emulsionen müssen im Fabrikationsablauf häufig längere Zeit stehen und würden trotz Lagerhaltung bei 3 bis 6 °C ohne Desinfektion durch Bakterienbefall unerwünschte chemische und mechanische Veränderungen erleiden (Viskositätsabnahme, Schleierneigung).

Während der dann anschließenden Nachreifung (2. oder chemische Reifung) findet kein Kornwachstum mehr statt. Die Empfindlichkeitssteigerung um das 5- bis 10fache bei diesem Prozeß, der einfach aus einer 1 bis 2 Stunden dauernden Erwärmung auf 50 bis 60° besteht, wird durch die Bildung und Vergrößerung von Silber-

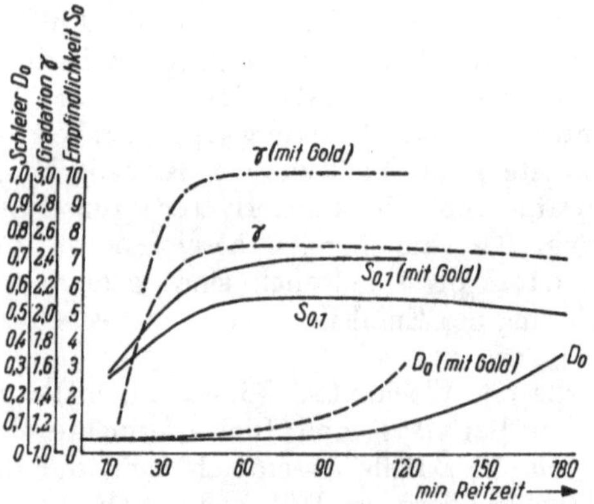

Abb. 12 Reifungs-Dynamik (VEB Filmfabrik Wolfen)

keimen hervorrufen (Reduktion von Ag^+-Ionen durch die Gelatine). Dabei werden noch reifungsfördernde oder gradationsverbessernde, besondere Zusätze zugegeben. Wenn die Silberkeime bei der Nachreifung über die Größe der Subkeime hinauswachsen, werden die Kristalle ohne Belichtung entwickelbar, d. h. die Emulsion verschleiert. Die Verschleierung ist um so stärker, je länger bzw. bei je höherer Temperatur die 2. Reifung läuft. Der unmittelbare Zusammenhang zwischen Empfindlichkeits- und Schleieranstieg läßt sich als sogenannte Reifdynamik graphisch darstellen und ist charakteristisch für die einzelnen Gelatine- und Emulsionstypen. In Übereinstimmung mit den theoretischen Vorstellungen geht die Empfindlichkeitssteigerung bei der Nachreifung durch ein Maximum, das erreicht ist, wenn möglichst viele Körner Subkeime und möglichst wenig Körner Entwicklungs- und Schleierkeime besitzen. Eine weitere Silberabscheidung (Subkeime → Entwicklungskeime) kann nur noch zur Schleiererhöhung beitragen. Daher steigt der Schleier nach Erreichung des Empfindlichkeitsmaximums stärker an. Der abfallende Teil der Empfindlichkeitskurve ist der Ausdruck für die Abnahme der Zahl der Subkeime auf Kosten der Schleierkeime.

Zur Aufnahme der Reifdynamik-Kurve werden der Emulsion nach verschiedenen Reifzeiten Proben entnommen, die Reifung der Proben wird durch Zusatz eines Stabilisators gestoppt, die Proben werden auf Glasplatten vergossen, im Sensitometer belichtet und entwickelt. Die mit Hilfe der Schwärzungskurve ermittelten Empfindlichkeiten und Schleierwerte werden gegen die Reifzeit graphisch aufgetragen. Bei Emulsionen mit geringer Schleierneigung geht die Empfindlichkeit nicht durch ein Maximum, sondern strebt nach bestimmter Reifzeit einem konstanten Maximalwert zu.

5. Chemische Sensibilisierung

Die chemische Sensibilisierung erfolgt während der ersten und vor allem während der zweiten Reifung. Die sie auslösenden Substanzen, chemische Sensibilisatoren genannt, sind Schwefelverbindungen, reduzierende Substanzen wie SO_2 und Schwermetallsalze, vor allem Goldsalze.

Eine weitere Gruppe von Verbindungen, die Polyäthylenoxide, werden häufig der Emulsion vor der zweiten Reifung zur Empfindlichkeitssteigerung zugegeben. Bei diesen Substanzen handelt es sich kaum um echte chemische Sensibilisatoren, sondern eher um Entwicklungsbeschleuniger.

Der Wirkungsmechanismus der Schwefelverbindungen (im wesentlichen Thiosulfate und Polythionate) beruht in erster Linie auf der Bildung von Silbersulfid, das einerseits im Silberhalogenidkristall Störstellen hervorruft und andererseits an der Oberfläche der Kristalle adsorbiert werden kann. In beiden Fällen ist Silbersulfid in der Lage, Silberionen oder Silberatome zu adsorbieren und dadurch die Keimbildung auszulösen (S. 25). Eine Verwendung des Thiosulfats als Transportmittel für Gold- und Silberionen auf Grund der Entstehung leicht löslicher Komplexverbindungen mit diesen Metallen ist infolge der äußerst geringen Mengen Thiosulfats in der Gelatine unwahrscheinlich, zumal mit den Goldsalzen reichliche Mengen Rhodanid als Silber- und Goldlösungsmittel der Emulsion zugesetzt werden. Dagegen wurde nachgewiesen, daß Thiosulfat, an der Kornoberfläche adsorbiert, als Halogenakzeptor reagiert.

Die Reduktionsreifung kommt zustande, weil unter den Bedingungen der physikalischen und chemischen Reifung, wie auch unter bestimmten Entwicklungsbedingungen (z. B. physikalische Entwicklung) Silberatome bzw. Silberaggregate mit mehreren Atomen eine ausgeprägte Tendenz haben, Silberionen zu adsorbieren. Dadurch entstehen positive Zentren, die die Elektronenabgabe von in der Gelatinelösung vorhandenen Reduktionsmitteln fördern. In dem Maße, wie die eingefangenen Elektronen Silberionen entladen, schreitet die Adsorption von weiteren Silberionen am Silberaggregat fort. Die Adsorptionstendenz ist demnach eine wichtige Voraussetzung für die Vergrößerung von Keimen, d. h. für die Empfindlichkeitssteigerung. Damit hängt auch die empfindlichkeitssteigernde Wirkung der Goldsalze zusammen. Gold als das edlere Metall in der Spannungsreihe und als das weit größere Atom gegenüber Silber zeigt eine verstärkte Adsorptionstendenz für Silberionen.

Die Einbringung des Goldes in die Emulsion erfolgt in Form eines Komplexsalzes — meistens wird Rhodanid verwendet, man kann aber auch Thiosulfat einsetzen [52] — damit es bis zur Kristalloberfläche gelangt und nicht schon vorher von der Gelatine unter Bildung eines Gelatinatkomplexes abgefangen wird. An der Kornoberfläche findet, entsprechend der Spannungsreihe, Reduktion des Goldions durch ein Silberatom aus einem bereits vorhandenen Keim statt. Das Goldatom verstärkt den vorhandenen Silbersubkeim und stabilisiert ihn.

Da das Gold gewissermaßen als Reduktionskatalysator wirkt, ist es verständlich, daß es der Emulsion nur in geringsten Mengen zugesetzt werden darf ($\sim$ 0,006 g Gold/Mol Silber), denn nur solange der Reduktionsvorgang bei der Reifung genügend langsam verläuft, kann er an genau definierter Stelle, bei maximaler Empfindlichkeit und niedrigem Schleier (Reifdynamik), unterbrochen werden. Überdosierung des Goldes führt zur Verschleierung.

Obwohl fast alle Metalle des Periodischen Systems auf ihre Wirksamkeit in der Emulsion untersucht worden sind, hat bisher neben dem Gold nur Rhodium photographische Anwendung gefunden. Es versteilert die Gradation unter Empfindlichkeitsrückgang und eignet sich aus diesem Grunde zur Herstellung steiler Papieremulsionen.

6. Emulsionsstabilisierung, Klarhalter

Optimale Emulsionen kann man nur herstellen, wenn es gelingt, den Reifvorgang, der während der zweiten Reifung abläuft, möglichst schnell und möglichst vollständig im Zeitpunkt der Erreichung des Empfindlichkeitsmaximums abzustoppen. Mann kann zwar durch schnelles Abkühlen den Reifvorgang wesentlich verlangsamen, aber man kann ihn auf diese Weise nicht stoppen. Die Emulsionen würden selbst bei Aufbewahrung unter 0 °C verschleiern, und zwar in um so kürzerer Zeit, je höher empfindlich sie sind.

Eine aktive Stabilisierung muß davon ausgehen, das Reaktionsgeschehen, das zur ständigen Vergrößerung der Silberkeime führt, an irgendeiner Stelle zu unterbrechen. Hier gibt es verschiedene Möglichkeiten, die etwa in der chronologischen Reihenfolge ihrer Entdeckung aufgezählt sich gleichzeitig in der Reihenfolge steigender Wirksamkeit befinden.

Die Silberionen für die Keimvergrößerung werden zum Teil aus den Kristallen, zum Teil aus der die Kristalle umgebenden Gallerte geliefert. Durch Verringerung der Silberionenkonzentration in der Emulsion mit Hilfe eines Bromionenüberschusses ist daher eine aktive Stabilisierung möglich. Allerdings sind dieser Stabilisierung enge Grenzen gesetzt, weil Bromionen die Empfindlichkeit verringern.

Die Wahrscheinlichkeit der Vergrößerung von Silberkeimen kann auch durch Abschwächung des Reduktionspotentials vermindert werden. Praktisch erreicht man diesen Effekt durch Änderung des pH-Wertes der Emulsion. Man stoppt am Ende der Nachreifung durch Zugabe schwacher Säuren, wie z. B. Zitronensäure.

Eine große Gruppe organischer Verbindungen wie Imidazole, Triazole, Tetrazole, Oxazole, Pyrimidine, Thiazole, besonders die Mercaptobenz-Verbindungen dieser Substanzen [43], eignen sich als Stabilisatoren, werden aber auch als Klarhalter, (Antischleiermittel) beim Beguß der Emulsion oder bei der Entwicklung zugesetzt. Nach der Umhüllungstheorie von Wendt und Wulff werden diese Substanzen, ähnlich wie die Sensibilisatoren, an der Oberfläche der Silberhalogenidkristalle adsorbiert und unterbinden mehr oder weniger den Zutritt von Reduktionsmitteln zum Kristall. Ihr Wirkungsmechanismus macht deutlich, daß die stabilisierende Wirkung fast immer mit einem Empfindlichkeitsrückgang verbunden ist, denn sie hemmen ja auch den Zutritt des Entwicklers zum Halogensilberkorn.

Die bis heute wirksamsten Stabilisatoren sind die von E. Birr aufgefundenen Aza-indolizine [53, 54]. Sie werden von 0,4 bis 2,0 g/Mol AgBr der Emulsion zugesetzt, und zwar nach der 2. Reifung oder vor der Zugabe der Begießlösungen. Bei ihrer Synthese geht man im allgemeinen von Aminotriazolen aus, die man mit aktiven Methylenverbindungen kondensiert. Zum Beispiel Malondinitril ($N{\equiv}C{-}CH_2{-}C{\equiv}N$) oder

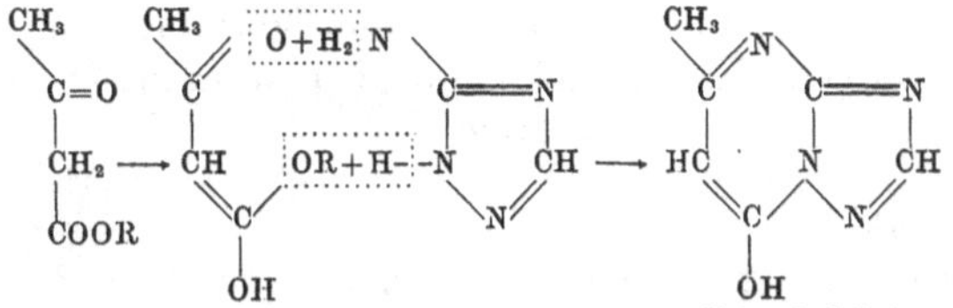

Acetessigester Triazaindolizin

Die Kondensation erfolgt durch mehrstündiges Kochen der Reaktionspartner in Eisessig oder Alkohol-Lösung.

Die Azaindolizine drücken die Empfindlichkeit der Emulsion bei Überdosierung nicht. Birr [55] konnte zeigen, daß nur eine ganz geringe Menge Azaindolizin am Silberhalogenidkorn adsorbiert ist. Durch Erhöhung der Azaindolizinkonzentration in der Emulsion steigt die Adsorption wesentlich weniger an, als man im Vergleich zu Klarhaltern erwarten müßte. Daraus folgt, daß diese Verbindungen anscheinend nur an den Stellen der Kristalloberfläche adsorbiert werden, an denen sich Silberkeime befinden. Außerdem ist die Adsorption an diesen Stellen nur locker, denn es ist möglich, die Azaindolizinstabilisierung durch intensives Waschen der Emulsion rückgängig zu machen. Dadurch erklärt sich einerseits die stabilisierende Wirkung (die Keime werden vor dem Zutritt von Reduktionsmitteln geschützt) und andererseits das Fehlen eines Empfindlichkeitsrückganges; während der Entwicklung werden die Azaindolizinmoleküle schnell von den aktiven Zentren des Kristalls verdrängt.

Veränderungen in der Emulsion bei der Lagerung gehen nicht nur in Richtung der Keimvergrößerung (Schleieranstieg), sondern auch umgekehrt in Richtung einer Keimauflösung durch Oxydation. Dieser Vorgang gehört zu dem Erscheinungsbild der anormalen Alterung: Rückgang der Empfindlichkeit ohne Schleieranstieg. Ein bekanntes Beispiel ist der Fading-Effekt, der vor allem durch den Luftsauerstoff ausgelöst wird. Schutz vor Sauerstoffeinwirkung auf die Emulsion, wie er zum Beispiel durch die von MATEJEC und SCHEIBITZ [56] vorgeschlagenen Eisenaminkomplexe gewährleistet wird, oder weiter gefaßt, Schutz vor jeder Art von Keimrückbildung ist daher ein ebenfalls wichtiger Teil der Emulsionsstabilisierung.

Keine der geschilderten Stabilisierungsmöglichkeiten wirkt 100%ig. Ein, wenn auch sehr langsames, Fortschreiten des Reifeprozesses in der Emulsion läßt sich nicht vermeiden. Die Folge ist die begrenzte Haltbarkeit aller photographischen Materialien. Die Haltbarkeit sinkt mit steigender Empfindlichkeit. Hochempfindliche Negativsorten halten sich ein bis zwei Jahre, unempfindliche Papiere drei bis vier Jahre. Die Veränderungen der Emulsion bei der Lagerung sind, entsprechend der Reifdynamik, Rückgang der Empfindlichkeit und Schleieranstieg.

Die Prüfung der Haltbarkeit photographischer Schichten bzw. der Wirkung der ihnen zugesetzten Stabilisatoren erfolgt durch mehrtägiges Einlegen des Filmmaterials in Heiz- und Tropenräume. Die Heizräume haben hohe Temperaturen (50 bis 60 °C) und niedrige Luftfeuchtigkeit (30 bis 40%), während die Tropenräume bei 90% Luftfeuchtigkeit etwa auf 35 °C temperiert sind. Die Veränderungen der Filmmaterialien bei dieser künstlichen Lagerung lassen hinreichende Schlußfolgerungen auf ihr Verhalten bei natürlicher Lagerung zu. Erfahrungswerte zeigen z. B., daß eine siebentägige Heizraumlagerung etwa einer natürlichen Lagerung von 1 bis $1^1/_2$ Jahren unter normalen klimatischen Bedingungen entspricht.

7. Spektrale Sensibilisierung [57 bis 61]

Die Sensibilisatoren werden, 0,05 bis 0,2%ig in mit Wasser mischbaren Lösungsmitteln, wie Methanol oder Aceton gelöst, zur aufgeschmolzenen und auf 30 bis 40° temperierten Emulsion unter Rühren zugegeben und innerhalb von 10—20 Minuten (digerieren) weitgehend (bei guten Sensibilisatoren) an der Oberfläche der Silber-

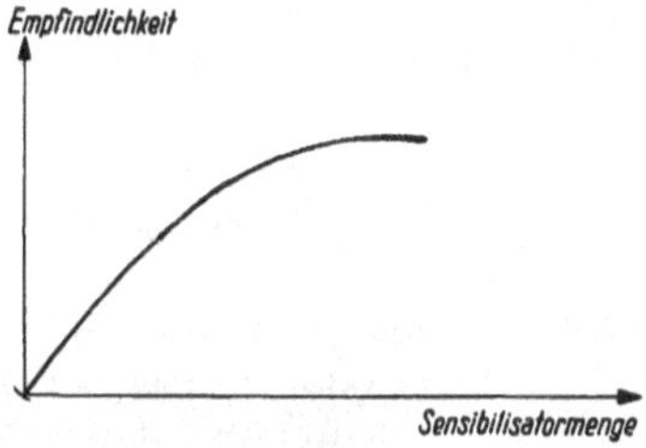

Abb. 13 Zusammenhang zwischen Sensibilisatormenge und Farbempfindlichkeit

halogenidkristalle adsorbiert. Nur bei sehr geringen Sensibilisatormengen besteht Proportionalität zwischen dem Empfindlichkeitsanstieg und der, der Emulsion zugegebenen Sensibilisatormenge. Je mehr Sensibilisator man zugibt, um so geringer wird der Empfindlichkeitsanstieg. Man nähert sich schließlich einem Grenzwert, bei dem eine weitere Erhöhung der Sensibilisatormenge keine Empfindlichkeitssteigerung mehr ergibt.

Erklären läßt sich dieser Befund in erster Näherung mit der zunehmenden Bedeckung der Silberhalogenidkristalloberfläche durch Sensibilisatormoleküle. Bei voller Besetzung der aktiven Stellen der Kristalloberfläche wie Keime aller Art und Kristallfehlstellen endet der Empfindlichkeitsanstieg, die optimale Sensibilisierung ist erreicht. Eine Überschlagsrechnung zeigt nämlich, daß die zur Aussensibilisierung benötigte Farbstoffmenge bei weitem nicht ausreichen würde, um die gesamte Kristalloberfläche einer Emulsion auch nur mit einer monomolekularen Farbstoffschicht zu bedecken. Dabei ist die Annahme vieler übereinanderliegender Sensibilisatorschichten für die Erklärung der Sensibilisierung zweiter Ordnung unumgänglich. In der Praxis bedient man sich nicht der Möglichkeit, die Empfindlichkeit einer Emulsionsschicht mit der Sensibilisatormenge einzustellen, weil dann schon kleinste Konzentrations- und Reinheitsschwankungen des Sensibilisators bereits merkliche Empfindlichkeitsänderungen hervorrufen würden. Man dosiert vielmehr den Sensibilisator so hoch, daß seine Wirkung mit Sicherheit im waagerechten Teil der Empfindlichkeitskurve liegt, und erreicht dadurch einen sehr konstanten Sensibilisierungseffekt.

Die Überdosierung ist einerseits durch die Eigenabsorption des Farbstoffes begrenzt. Mit zunehmender Farbstoffmenge wird das Licht in steigendem Maße vom Farbstoff selbst absorbiert und geht dadurch für die Entstehung des latenten Bildes verloren. Andererseits können die Farbstoffe bei Überdosierung mehr oder weniger desensibilisierend wirken und in verstärktem Maße in benachbarte Schichten diffundieren, was zu Farbverfälschungen führt.

7.1. Systematik

Das chromophore, „farbtragende“ System der optischen Sensibilisatoren ist die Kohlenstoffkette mit alternierenden Doppelbindungen:

$$-\overset{|}{C}(=\overset{|}{C}-\overset{|}{C})_n= \leftrightarrow =\overset{|}{C}(-\overset{|}{C}=\overset{|}{C})_n-$$

Sie muß die Möglichkeit haben, die beiden energetisch annähernd gleichwertigen, mesomeren Grenzformen auszubilden. Dazu ist es erforderlich, daß die Begrenzung dieser Kette durch Atome erfolgt, deren kovalente Bindung sich leicht erhöhen oder erniedrigen läßt. Außerdem muß die Stabilität der mit diesen Atomen erzielten extremen Resonanzstrukturen annähernd gleich groß sein, damit tiefe Farben erzielt werden:

$$X-\overset{|}{C}(=\overset{|}{C}-\overset{|}{C})_n=Y \leftrightarrow X=\overset{|}{C}(-\overset{|}{C}=\overset{|}{C})_n-Y$$

Die endständigen Atome *X* und *Y* wirken farbvertiefend und werden im Sinne der WITTschen Farbstofftheorie als Auxochrome bezeichnet. Eine gute Übersicht über die Farbstofftheorien und ihre historische Entwicklung wird von S. DÄHNE [62] gegeben.

Es gibt nicht sehr viele Elemente, die den hohen an *X* und *Y* gestellten Anforderungen gerecht werden, und unter ihnen haben praktische Bedeutung im wesentlichen nur Stickstoff und Sauerstoff erlangt. In jüngster Zeit ist auch Phosphor als auxochromes Atom in die Sensibilisatorchemie einbezogen worden.

Damit ergibt sich die Klassifizierung der Sensibilisierungsfarbstoffe. Bei der ersten Gruppe sind *X* und *Y* Sauerstoff, bei der zweiten Gruppe steht am einen Ende der chromophoren Kette Sauerstoff und am anderen Ende Stickstoff, und die dritte, wichtigste Gruppe schließlich enthält Stickstoff an beiden Enden des chromophoren Systems:

1. Gruppe

$$^{\ominus}O-\overset{|}{C}(=\overset{|}{C}-\overset{|}{C})_n=O;$$

2. Gruppe

$$^{\ominus}O-\overset{|}{C}(=\overset{|}{C}-\overset{|}{C})_n=\overset{\oplus}{N}\Big\langle;$$

3. Gruppe

$$\Big\rangle N-\overset{|}{C}(=\overset{|}{C}-\overset{|}{C})_n=\overset{\oplus}{N}\Big\langle$$

Zur ersten Gruppe gehören die Phthaleine, von denen nur das Erythrosin praktische Bedeutung als Sensibilisator gehabt hat.

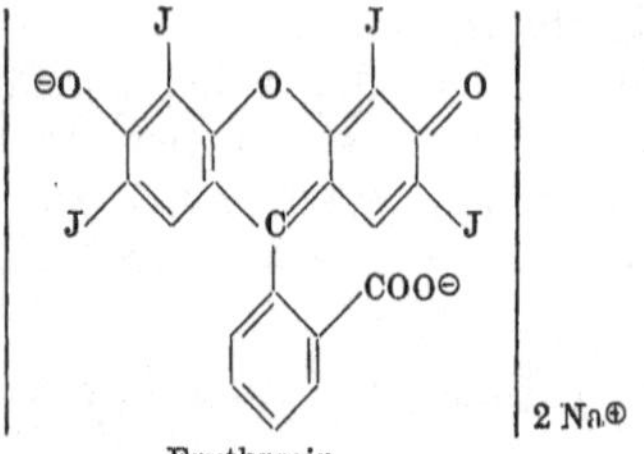

Erythrosin

Außerdem gehören zur 1. Gruppe die sogenannten Oxonole. Ein typischer Vertreter leitet sich vom Rhodanin ab.

Oxonol

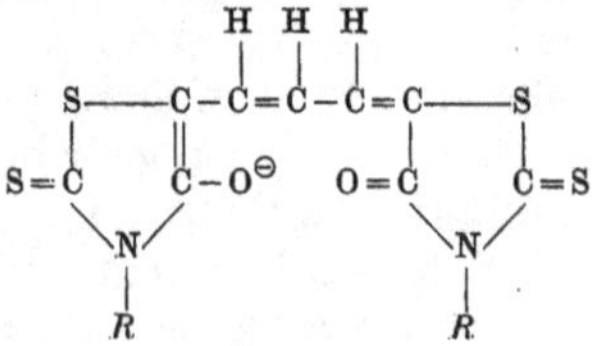

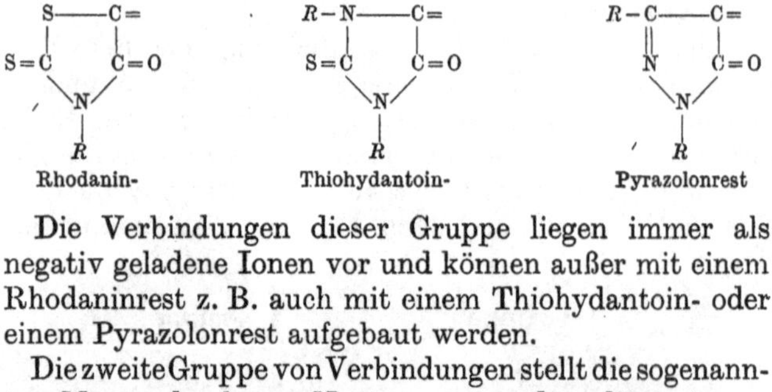

Rhodanin- Thiohydantoin- Pyrazolonrest

Die Verbindungen dieser Gruppe liegen immer als negativ geladene Ionen vor und können außer mit einem Rhodaninrest z. B. auch mit einem Thiohydantoin- oder einem Pyrazolonrest aufgebaut werden.

Die zweite Gruppe von Verbindungen stellt die sogenannten Mero- oder besser Neutrocyanine dar, die erst verhältnismäßig spät entdeckt worden sind. Sie unterscheiden sich von den anderen beiden Gruppen dadurch, daß sie nicht ionisiert sind. Die eine Grenzform ist ungeladen

$$^{\ominus}O-\overset{|}{C}(=\overset{|}{C}-\overset{|}{C})_n=\overset{\oplus}{N}\langle \leftrightarrow O=\overset{|}{C}(-\overset{|}{C}=\overset{|}{C})_n-N\langle$$

und die andere hat Dipolcharakter. Die CO-Gruppierung kann sowohl Teil von Ringsystemen, wie sie bei den

Oxonolen beschrieben wurden, als auch Teil einer offenen Kette sein. Im übrigen gilt für die Merocyanine, von denen sich verschiedene sehr gute Sensibilisatoren ableiten, im wesentlichen dasselbe, was im folgenden von den Cyaninen gesagt wird.

Die dritte Gruppe umfaßt neben Triphenylmethan-, Acridin- und Styrylfarbstoffen, die praktisch als Sensibilisatoren keine Bedeutung haben, die wichtigste und am intensivsten erforschte Farbstoffklasse, die Cyanine. Den Namen „Cyanin"(-Blau) prägte WILLIAMS. Er synthetisierte 1856 den ersten Farbstoff dieser Klasse und wählte den Namen auf Grund der intensiv blauen Farbe seiner Lösung.

Bei der systematischen Benennung der Cyanine geht man erstens von der Kohlenstoffkette mit alternierenden Doppelbindungen, der sogenannten Methinkette, aus. Je nach Zahl der Methingruppen in der Kette bezeichnet man die Farbstoffe als Mono-, Tri-, Penta-Methincyanine. Die Verlängerung der Methinkette kann immer nur um zwei Kohlenstoffatome, also um eine Vinylengruppe erfolgen. Ein Beispiel für langkettige Cyanine ist ein Nonamethincyanin des Benzthiazols.

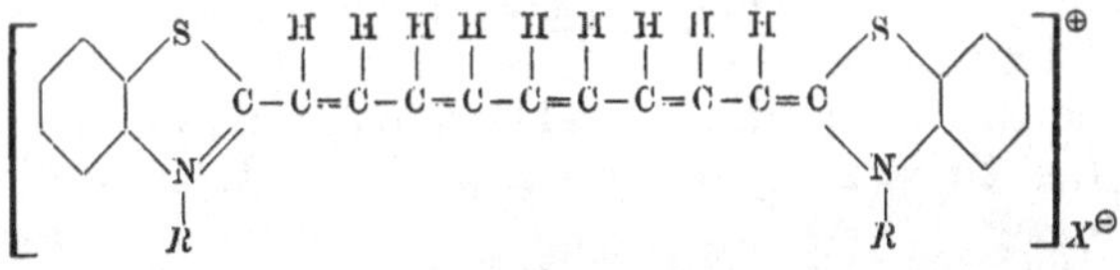

Zweitens richtet sich die Benennung nach der Art der die Methinkette begrenzenden heterocyclischen Ringe. Man setzt die Silben Oxa-, Thia, Selena-, Thiazolo-, Thiazolino vor die Bezeichnung Methincyanin, z. B. Oxatrimethincyanin. Die wichtigsten heterocyclischen Ringe, die für den Aufbau von Cyaninen eingesetzt werden, sind folgende:

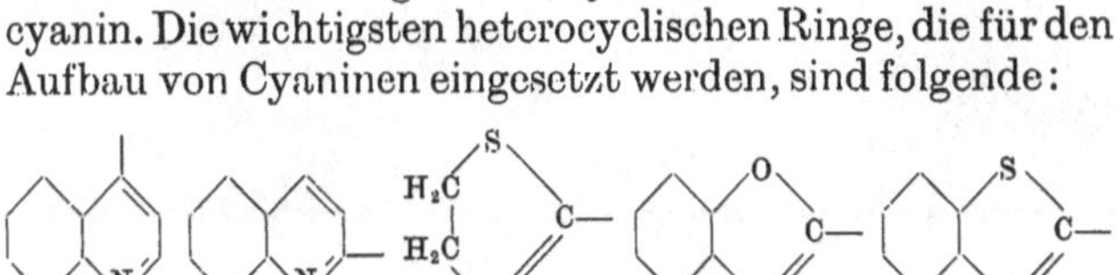

Chinolin-4- Chinolin-2- Thiazolin- Benzoxazol- Benzthiazol-

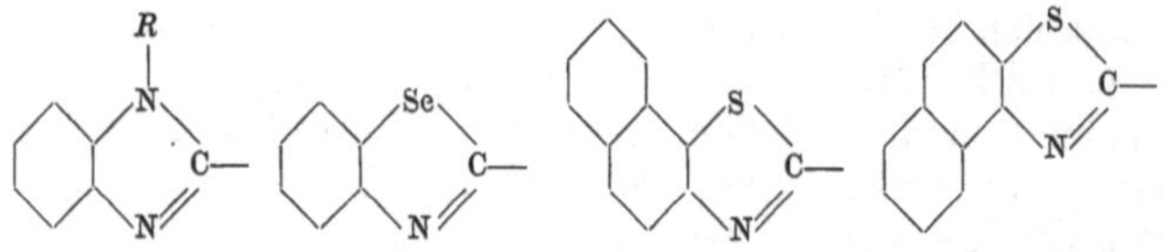

Benzimidazol- Benzselenazol- β-Naphthothiazol- α-Naphthothiazol

2,2'-Trimethincyanine, also Trimethincyanine, bei denen sich die Methinverknüpfung in 2-Stellung zum Heteroatom befindet, bezeichnet man auch als Carbocyanine.

Die Gruppe der Cyanine wird begrenzt durch die Bedingung, daß mindestens eines der beiden Stickstoffatome einem heterocyclischen Ring angehören muß. Verbindungen mit nur einem heterocyclischen Ring bezeichnet man als Hemicyanine.

7.2. *Synthese von Cyaninfarbstoffen*

Die wichtigsten Darstellungsmethoden für die bei der Cyaninsynthese gebräuchlichen Heterocyclen sind in Tafel 1 zusammengestellt.

Zur Erhöhung ihrer Reaktionsfähigkeit werden sie vor der Umsetzung zu Cyaninen in Quartärsalze überführt.

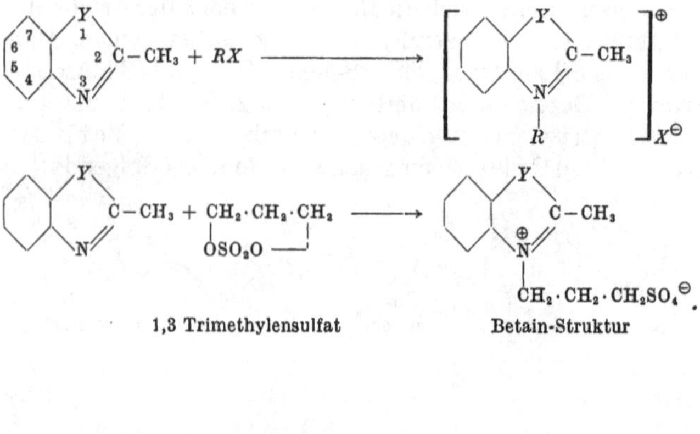

1,3 Trimethylensulfat Betain-Struktur

Tafel 1

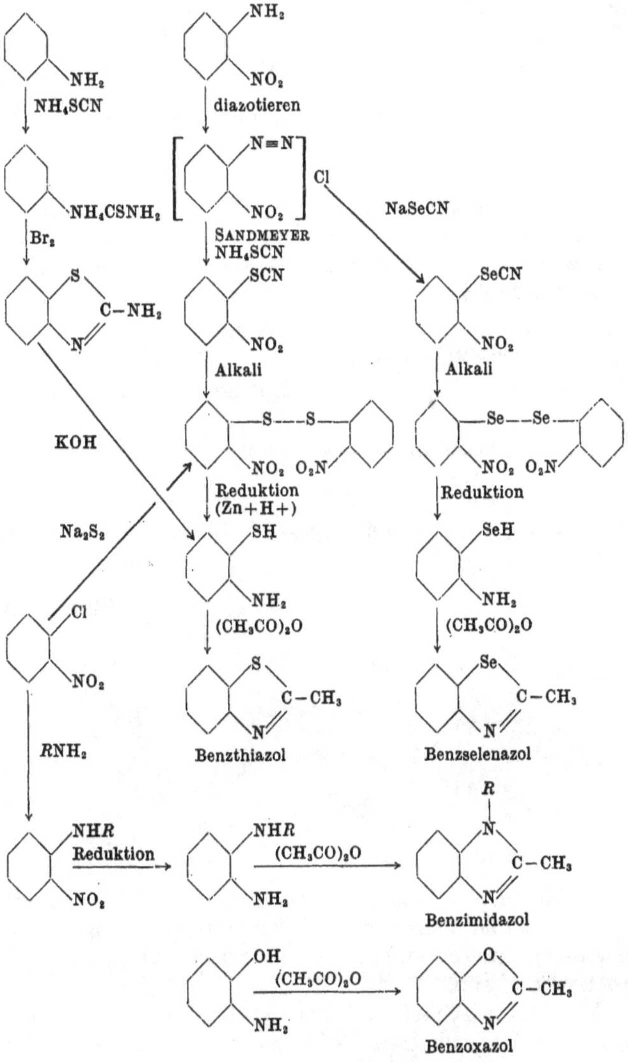
NH₂
NH₄SCN
NO₂
diazotieren
N≡N
Cl
NH₄CSNH₂
NaSeCN
Br₂
SANDMEYER
NH₄SCN
S
C–NH₂
N
SCN
SeCN
NO₂
Alkali
Alkali
KOH
S—S
Se—Se
NO₂ O₂N
Reduktion
(Zn+H+)
Reduktion
Na₂S₂
SH
SeH
Cl
NH₂
(CH₃CO)₂O
(CH₃CO)₂O
S
Se
C–CH₃
N
Benzthiazol
Benzselenazol
RNH₂
R
NHR
Reduktion
NHR
(CH₃CO)₂O
N
C–CH₃
Benzimidazol
OH
(CH₃CO)₂O
O
C–CH₃
Benzoxazol

Als Alkylierungsmittel (*RX*) verwendet man dabei im allgemeinen: Dimethyl-, Diaethylsulfat, Methyl-, Aethyl-, Propyljodid, p-Toluol-sulfosäureester, Aethylensulfat, 1,3-Propan-, 1,4-Butansulton

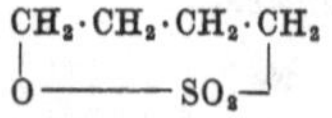

Um zu Cyaninen zu gelangen, müssen die aktivierten Heterocyclen über Methingruppen miteinander verbunden werden. Zur Herstellung der Methinkette setzt man Orthoester [63]

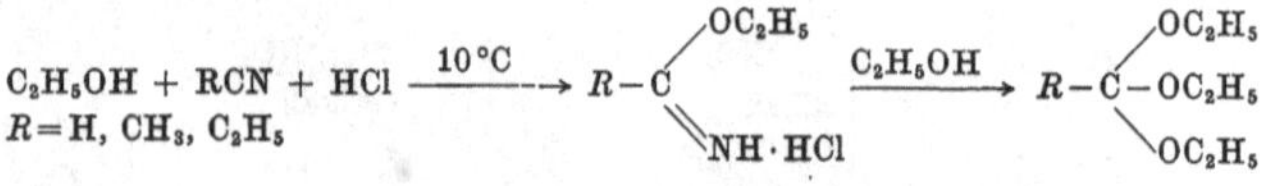

Diphenylformamidin

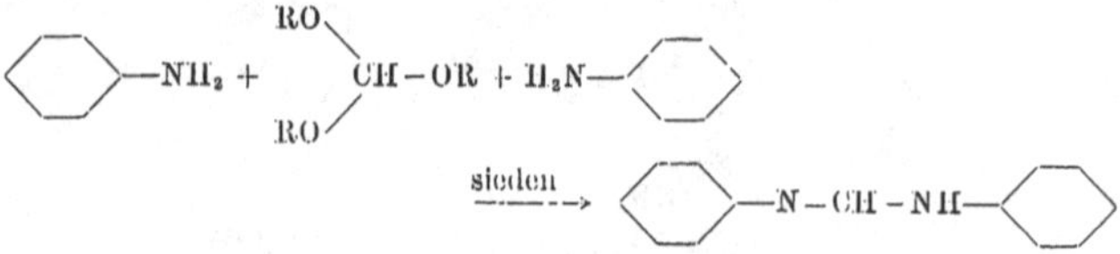

oder Malondialdehyd-dianil ein.

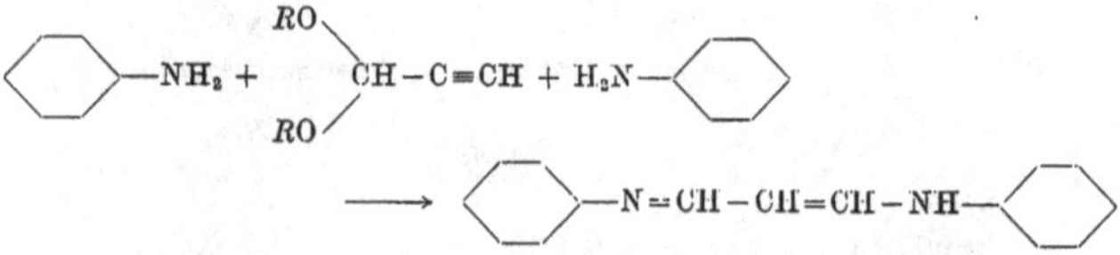

Es lassen sich auch entsprechende Vinylenhomologe mit 5, 7, 9 und mehr aneinandergereihten Methingruppen herstellen , mit deren Hilfe man langkettige Cyanine synthetisieren kann.

Aus Heterocyclen und den Verbindungen, die vorgebildete Methinketten enthalten, lassen sich entweder

direkt symmetrische Cyanine

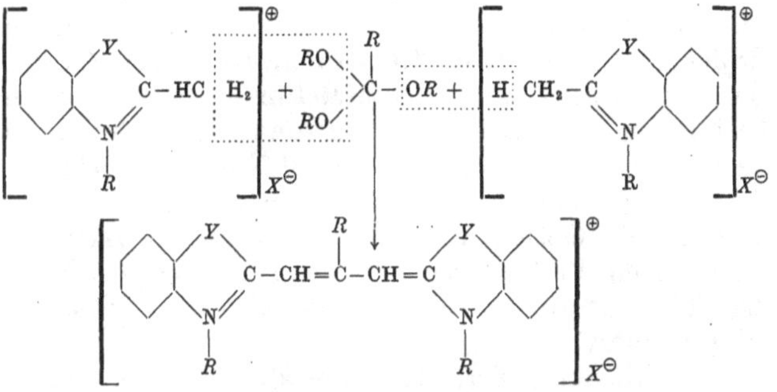

oder Zwischenprodukte synthetisierén.

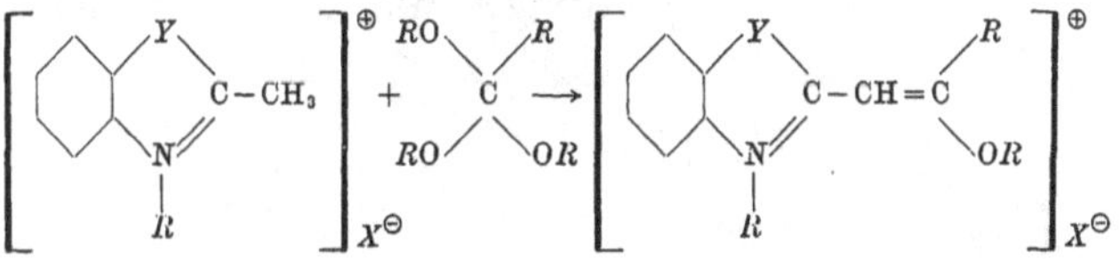

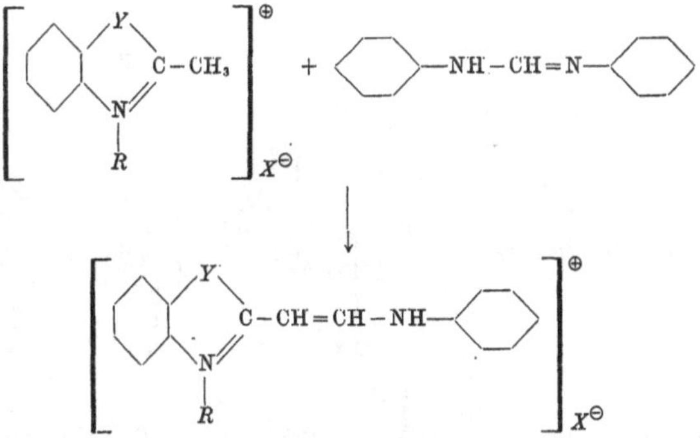

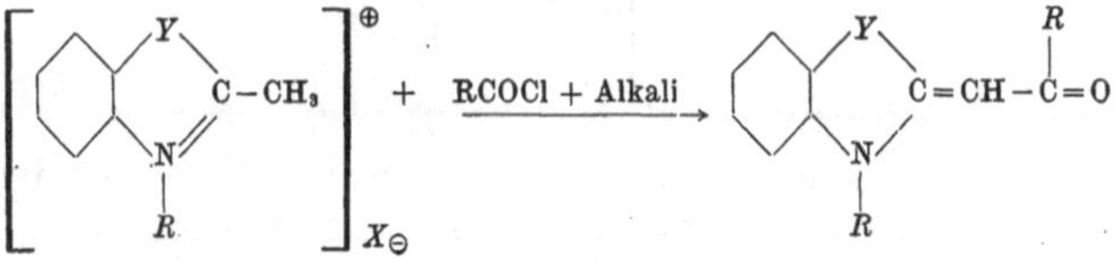

Die Kondensation erfolgt in alkalischem Milieu, je nach der Reaktionsfähigkeit der Partner, durch mehrstündiges Stehenlassen bei Zimmertemperatur oder durch Erhitzen. Theoretisch müßte man mit dem Molverhältnis heterocyclischer Ring zu der die Methinkette aufbauenden Verbindung die Reaktion steuern können, je nachdem, ob sie zu Zwischenprodukten (Molverhältnis 1:1) oder zu Cyaninen (Molverhältnis 2:1) führen soll. Praktisch ist aber in den meisten Fällen die Reaktionsfähigkeit der eingesetzten Verbindungen allein ausschlaggebend, ob der Reaktionsablauf zum Cyanin oder zum Zwischenprodukt führt.

Zur Erhöhung der Reaktionsfähigkeit der obigen Zwischenprodukte im Hinblick auf die Umsetzung mit einem weiteren heterocyclischen Ring zum Cyanin können die vorstehenden Gruppierungen wie folgt abgewandelt werden:

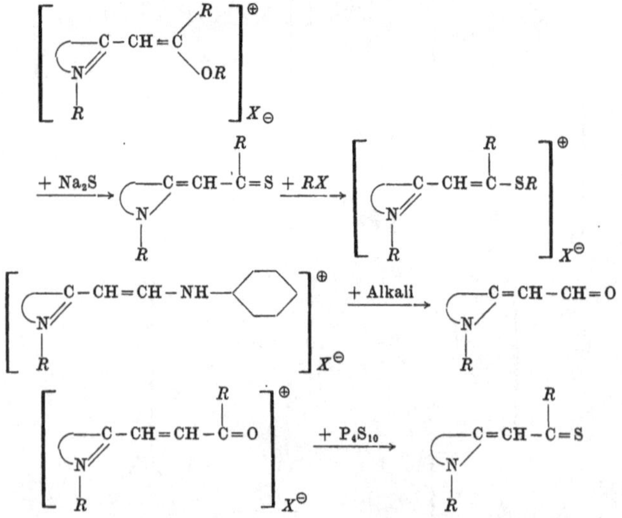

Diese Zwischenprodukte ermöglichen die Herstellung unsymmetrischer Cyanine entsprechend dem nachstehenden Reaktionsschema. Die Reaktionsbedingungen sind ähnlich wie bei der Synthese symmetrischer Cyanine.

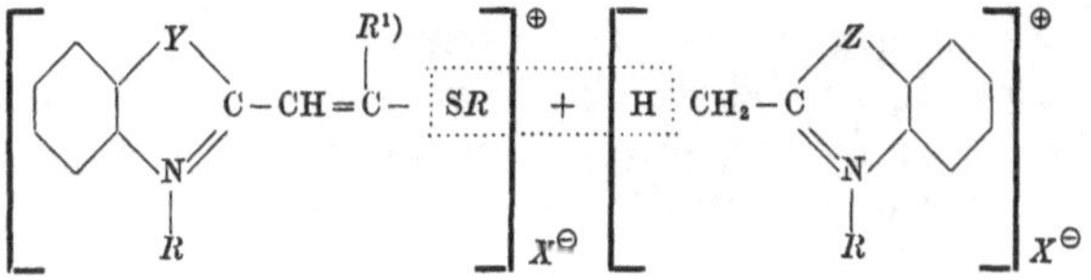

Wichtig für die Verbesserung der Sensibilisierungseigenschaften von Cyaninen ist die sogenannte meso-Substitution in der Methinkette, meist durch eine Methyl- oder Aethylgruppe, und die Substitution in 5- oder 6-Stellung (S. 64) des an den heterocyclischen Ring ankondensierten Benzolkerns.

Weitere Möglichkeiten in der Cyaninchemie, die heute schon an 100000 Verbindungen umfaßt, sind die Verknüpfung von mehr als zwei heterocyclischen Ringen über Polymethinketten und der Ersatz einer Methingruppe durch Stickstoff

$$-\overset{|}{C}=N-\overset{|}{C}=$$

Die so entstehenden Azacyanine sind besonders dadurch interessant, daß sie in Abhängigkeit von der Stellung des Stickstoffs in der Polymethinkette sensibilisierend oder desensibilisierend wirken und gegenüber dem Stammfarbstoff (=CH− statt =N−) hypsochrom (nach kurzen Wellenlängen) oder bathochrom (nach langen Wellenlängen) in ihrer Farbe verschoben sein können.

Die Prüfung der Sensibilisatoren auf ihre Reinheit kann nicht durch chemische Analysen erfolgen, weil schon Spuren von Verunreinigungen, die chemisch nicht zu erfassen sind, photographisch sehr wirksam sein können. Deshalb muß jeder Sensibilisator vor seiner Verwendung photographisch geprüft werden. Da eine absolute photographische Prüfung infolge der nicht genügend sicheren Reproduzierbarkeit von Emulsion und Beguß unmöglich ist, wird ein Typ mitgeprüft. Der Typ ist jeweils der gleiche Farbstoff wie der Prüfling, aber eine Fertigung mit bereits bekannten und in der Produktion befriedigenden Sensibilisierungseigenschaften.

Es genügt im allgemeinen, wenn eine Graukeilkopie (Abb. 23) und ein Spektrogramm angefertigt werden. Die Prüfung erfolgt durch Vergleich der Kopien.

7.3. Eigenschaften der Cyaninfarbstoffe

Cyaninfarbstoffe sind gegenüber Reduktionsmitteln im allgemeinen beständig, sie werden dagegen durch Oxydationsmittel, Säuren und Alkalien entfärbt. Ihre Beständigkeit in kristallisierter Form nimmt mit steigender Zahl der Methingruppen ab. Mono- und Trimethincyanine sind bei 20 °C und Lichtausschluß meist viele Jahre beständig, während z. B. ein Undecamethincyanin sich selbst bei einer Lagertemperatur von 0 °C im Laufe weniger Monate teilweise zersetzt. Farbstofflösungen sind gegen Licht und erhöhte Temperatur noch unbeständiger.

Die optimale Sensibilisatormenge in der Emulsion ist sehr unterschiedlich. Während Carbocyanine im allgemeinen mit etwa 200 mg/Mol AgBr eingesetzt werden, sinkt die benötigte Sensibilisatormenge mit zunehmender Methinkettenlänge. Bei Pentamethincyaninen benötigt man etwa 60 mg/Mol AgBr und bei Nonamethincyaninen größenordnungsmäßig nur noch 6 mg/Mol AgBr. In dem Maße, indem die Sensibilisatormenge sinkt, steigen die desensibilisierenden Eigenschaften der Farbstoffe bei Überdosierung, d. h. der Bereich optimaler Sensibilisierung in Abhängigkeit von der Farbstoffmenge wird immer enger.

Je länger die Polymethinkette ist, um so mehr verschiebt sich das Absorptionsmaximum der Cyaninfarbstoffe nach längeren Wellen. Während die Eigenempfindlichkeit des Silberbromids etwa bis 450 nm und der Bereich des sichtbaren Lichtes von 400 bis 700 nm reicht, gelingt es heute, Emulsionsschichten mit Hilfe von Cyaninfarbstoffen bis zu einer Wellenlänge von 1100 nm empfindlich zu machen (Infrarotphotographie).

Nicht nur der chemische Bau der Sensibilisatoren, sondern auch ihre Konfiguration, d. h. ihre räumliche Anordnung, sind entscheidend für ihre sensibilisierenden Eigenschaften. Die Voraussetzung für den Sensibilisierungseffekt ist die Adsorption des Sensibilisatormoleküls an der Oberfläche der Silberhalogenidkristalle. Je ebener das Sensibilisatormolekül gebaut ist, um so vollkommener haftet es auf der Kristalloberfläche und um so leichter und vollständiger ist dadurch die Übertragung der Lichtenergie vom Farbstoff auf den Silberhalogenidkristall, um so besser sind die sensibilisierenden Eigenschaften einer Verbindung. Ob die Übertragung direkt durch den Übergang eines angeregten Elektrons vom Farbstoff in das Leitfähigkeitsband des Kristalles oder durch strahlenlose Energieübertragung erfolgt, ist nicht geklärt [64].

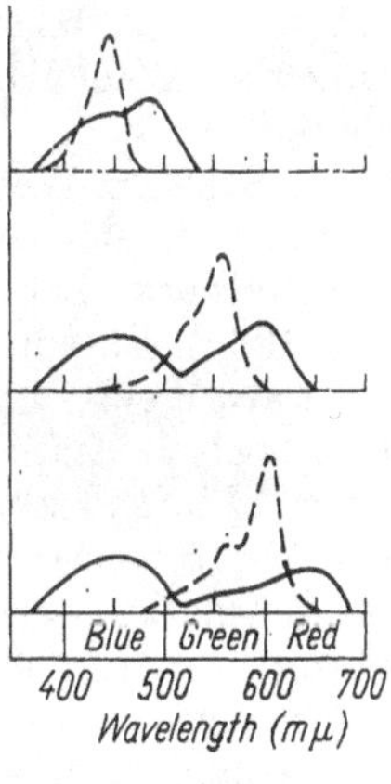

Abb. 14 Veränderung der Absorption durch die Adsorption. Punktierte Kurve: Absorption in methanolischer Lösung. Ausgezogene Kurve: Sensibilisierungsspektrum (die Ordinaten sind nicht miteinander vergleichbar, die eine gibt die Extinktion, die andere die photographische Empfindlichkeit an). (H. ZWICKY: Chimia 15 (1961), 300)

Während viele Sensibilisatoren beim Aufziehen auf Silberhalogenidkristalle gegenüber ihrer Lösungen in Methanol oder Wasser nur geringe Farbveränderungen zeigen, verschiebt sich bei anderen Sensibilisatormolekülen das Absorptionsmaximum um 50 bis 100 nm nach längeren Wellen, wenn man den Sensibilisator statt in Methanol oder Aceton in Wasser löst oder sich am Halogensilberkorn adsorbieren läßt.

Die Farbverschiebung in Wasser, z. B. von Gelb nach Purpur bei Grünsensibilisatoren, läßt sich durch Erhitzen rückgängig machen und verstärkt sich durch Zugabe eines Tropfens KBr-Lösung. Sie kommt durch die Bildung polymerer Aggregate (Zusammenlagerung von bis zu tausend Molekülen) zustande, die durch die Polarität der Wassermoleküle oder durch Zugabe von Ionen begünstigt wird. Auch beim Silberhalogenidkristall wird dieser Effekt, den man als Ausbildung eines Maximums zweiter Ordnung (I-Bande) bezeichnet, durch die besonders dichte Packung der Sensibilisatormoleküle an der Kornoberfläche hervorgerufen. Das Maximum zweiter Ordnung führt im begrenzten Spektralbereich neben der Verschiebung des Sensibilisierungsmaximums zu einem erhöhten Sensibilisierungseffekt und meist zu einer nach längeren Wellenlängen steil abfallenden Absorptionsflanke.

Bei Schwarz-Weiß-Materialien unterscheidet man Grün-(orthochromatisch) und Grün + Rot-(panchromatisch) sensibilisierte Schichten (Prüfmethoden TGL 143-403, Mai 1965). Entsprechend der Augenempfindlichkeit sind Schwarz-Weiß- und Farbfilme so sensibilisiert, daß ihre höchste Empfindlichkeit im grünen Spektralbereich liegt. Während aber beim Schwarz-Weiß-Film die Lage der Absorptionsmaxima und die Breite des Absorptionsbereiches der verwendeten Farbstoffe variieren kann, wenn nur eine möglichst lückenlose Absorption über den ganzen Bereich des sichtbaren Lichtes gewährleistet ist (Abb. 15), müssen die Absorptionskurven der Sensibilisatoren in den drei Emulsionsschichten des Farbfilms in einem möglichst genau festgelegten, berechenbaren Verhältnis zu den Absorptionskurven der Bildfarbstoffe stehen. Bei Farbaufnahmematerialien (Color-Negativ) verwendet man wie bei Schwarz-Weiß überlappende Sensibilisierung (Abb. 16), entwickelt aber mit Kupplern, die in ihrem Absorptionsmaximum möglichst weit auseinander liegen (Abb. 17). Die Sensibilisierung des Color-Positivmaterials muß auf die Absorption der Bildfarb-

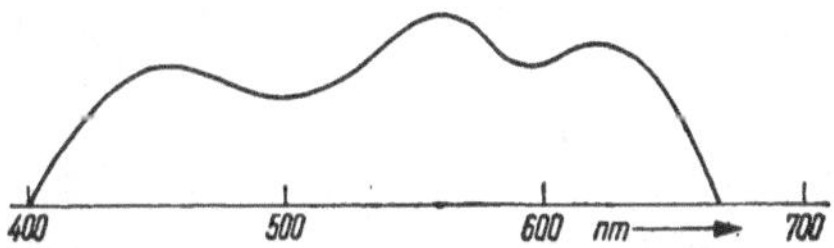

Abb. 15 Panchromatische Sensibilisierung von Schwarz-Weiß-Negativmaterial

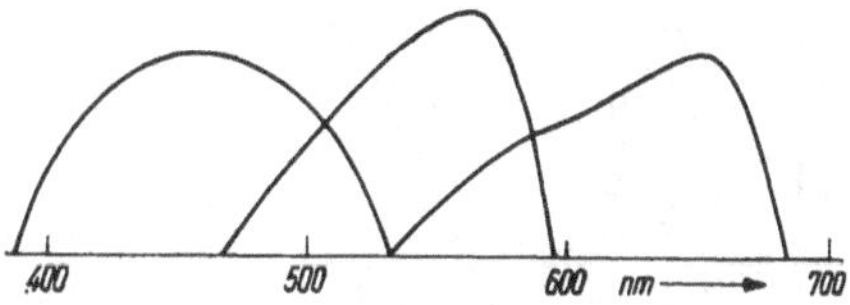

Abb. 16 Überlappende Sensibilisierung für Farbaufnahmematerial

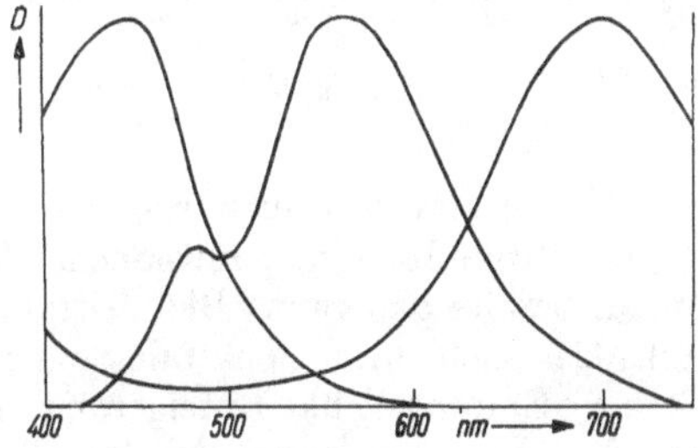

Abb. 17 Bildfarbstoffabsorption für Negativmaterial

stoffe des Negativs abgestimmt sein (Abb. 18), während die Bildfarbstoffe des Positivs wiederum der Augenempfindlichkeit angepaßt sind (Abb. 19). Auf diese Weise vermeidet man erhebliche Farbverfälschungen beim Kopierprozeß. Farbumkehrfilme sind zugleich Aufnahme- und Wiedergabematerialien. Deshalb ist ihre

Sensibilisierung überlappend wie bei Negativ und ihr Bildfarbstofftripel der Augenempfindlichkeit angepaßt wie bei Positiv.

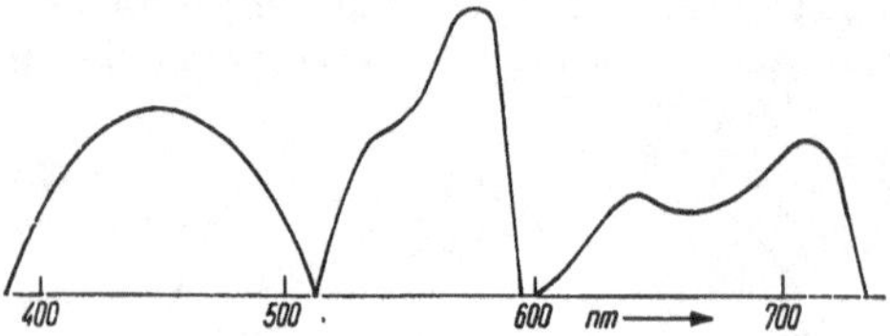

Abb. 18 Sensibilisierung für Farbkopiermaterial

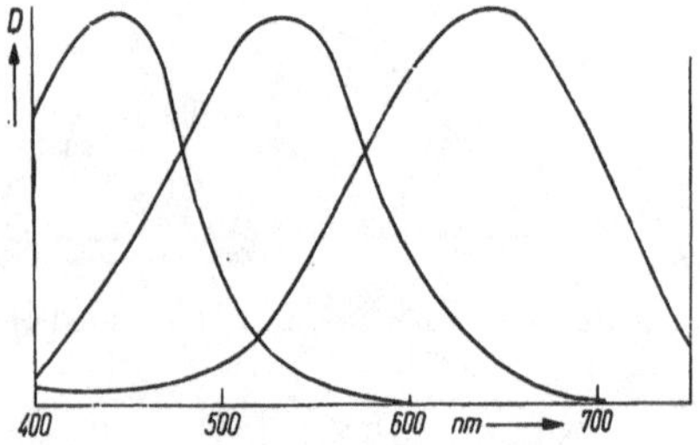

Abb. 19 Bildfarbstoffabsorptionen für Positivmaterial

Sensibilisatoren für blaues Licht werden nicht so häufig angewendet. In Brom-Jodsilberemulsionen, deren Absorptionsbereich bereits das ganze Blaudrittel des Spektrums ausfüllt, läßt sich durch spektrale Sensibilisierung praktisch keine Empfindlichkeitssteigerung mehr erreichen (Abb. 20). Dagegen lassen sich bei Chlor-Bromsilberemulsionen, die nur wenig sichtbares Licht absorbieren und entsprechend unempfindlich sind, wie Abb. 21 zeigt, gute Sensibilisierungseffekte erzielen.

Eine interessante Erscheinung auf dem Gebiet der spektralen Sensibilisatoren ist die sogenannte Übersensibilisierung. Es ist möglich, die Wirksamkeit eines Sensibilisators durch Zusatz einer zweiten Substanz zur Emulsion, die selbt kein Farbstoff zu sein braucht, zu erhöhen.

Als Beispiel sei das Chino-pseudocyanin angeführt, ein Farbstoff mit nur sehr schwachen Sensibilisierungseigen-

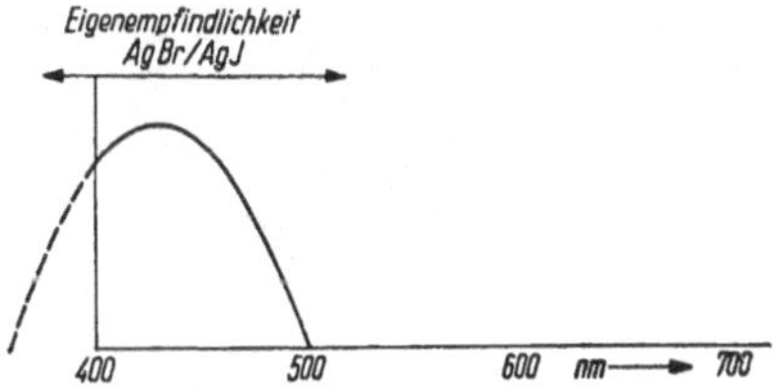

Abb. 20 AgBr/AgJ-Absorptionsbereich

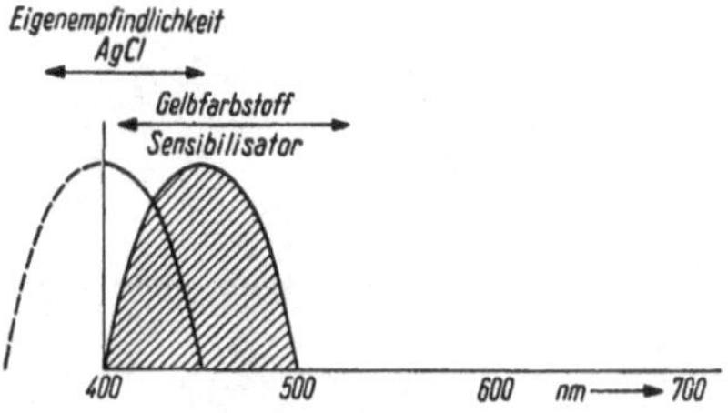

Abb. 21 AgCl-Absorptionsbereich

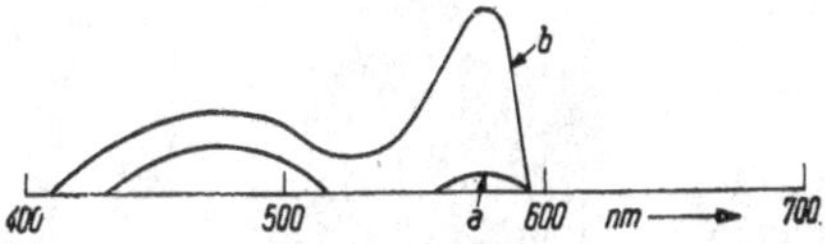

Abb. 22 Übersensibilisierung

schaften (Abb. 22, Kurve *a*). Durch Zugabe von 2-(p-Dimethylaminostyryl)-benzthiazol wird die Grünempfindlichkeit auf das 4fache gesteigert (Abb. 22, Kurve *b*).

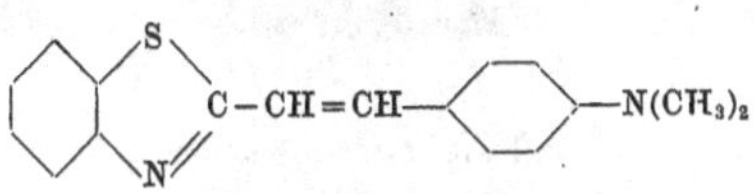

2-(p-Dimethylaminostyryl) benzthiazol

Wie häufig in der Photographie tritt dieser Effekt am überzeugendsten bei schwach sensibilisierenden Farb-

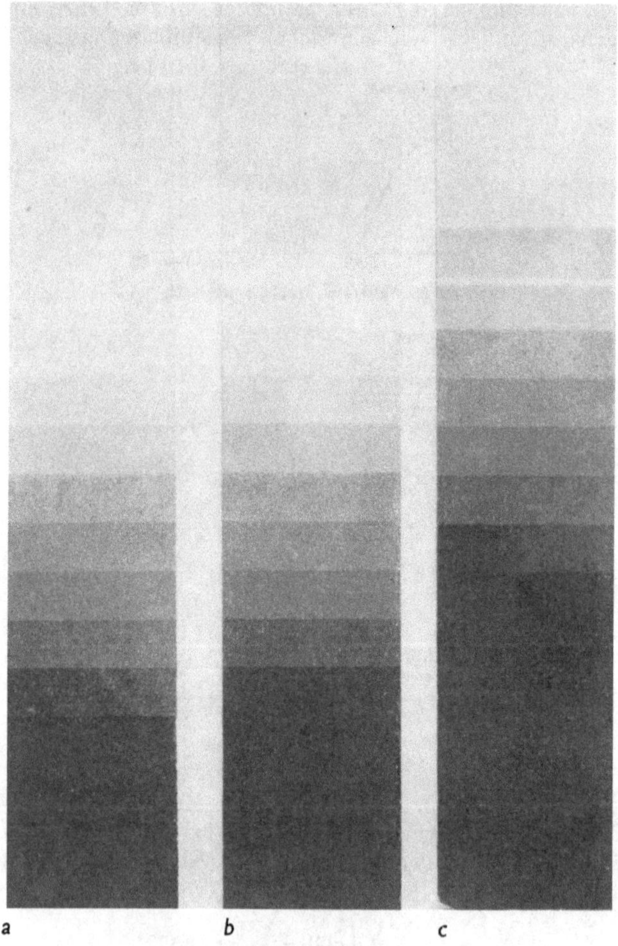

Abb. 23 Sensibilisierungsbeeinflussung durch Kuppler
Stufenkeil: Faktor 2
a: Emulsion ohne Sensibilisator
ohne Kuppler;
b: Kupplerzugabe vor dem Sensibilisator;
c: Sensibilisatorzugabe vor dem Kuppler

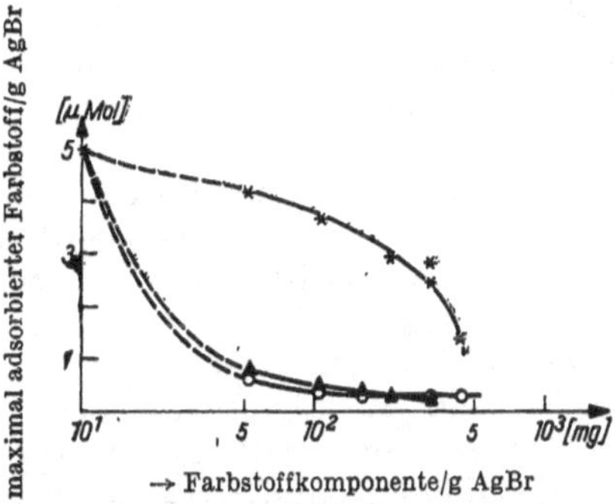

Abb. 24 Desorption des Sensibilisators durch Kuppler
(H. ZWICKY: Chimia 15 (1961), 300)
▲ – ▲ Gelbkomponente
○ – ○ Blaugrünkomponente
* – * Purpurkomponente

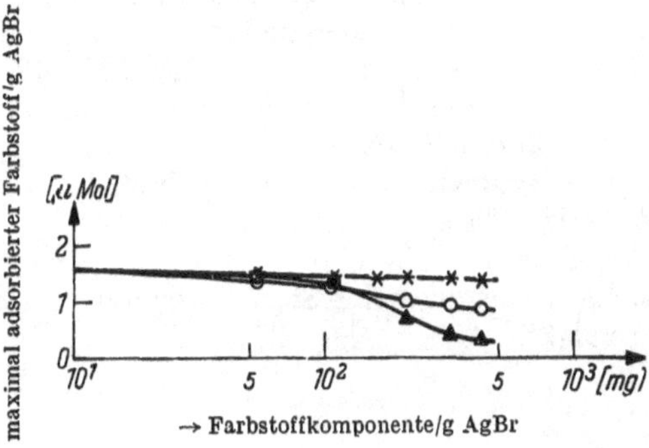

Abb. 25 Desorption des Sensibilisators durch die Kupplungskomponenten von Coloremulsionen. (H. ZWICKY: Chimia 15 (1961), 300)
▲ – ▲ Gelbkomponente
○ – ○ Blaugrünkomponente
* – * Purpurkomponente

stoffen in Erscheinung, also dort, wo man ihn kaum braucht. Hochempfindliche Systeme lassen sich praktisch nicht übersensibilisieren.

Für die Farbfilmherstellung ist die Wechselwirkung zwischen Sensibilisator und Kuppler von großer Bedeutung. Die Kupplermoleküle werden ebenso wie die des Sensibilisators am Halogensilberkorn adsorbiert. Die Adsorption der Kupper wird durch die gegenüber dem Sensibilisator etwa 10^3mal höhere Kupplermenge in der Emulsion begünstigt. Daher ist es oft nicht möglich, eine Emulsion zu sensibilisieren, wenn ihr zuvor Kuppler zugesetzt worden ist (Abb. 23).

Man setzt deshalb der Emulsion immer zuerst den Sensibilisator zu und sorgt mittels einer Digestionszeit von 15 bis 30 Minuten dafür, daß der Sensibilisator optimal am Silberkorn adsorbiert ist, bevor der Kuppler zugegeben wird. Auch unter diesen Bedingungen kann bei Zugabe des Kupplers wieder Desensibilisierung eintreten, wenn das Sensibilisatormolekül mit dem Kuppler unter Salzbildung reagiert.

Durch die Salzbildung lockert sich die Adsorption des Sensibilisators am Korn, und es findet erneut Verdrängung durch Kupplermoleküle statt (Abb. 24). Erst die saure Substitution der Sensibilisatoren, also die Einführung einer Carbonsäure-, Sulfonsäure- oder Sulfatgruppe an dem Alkyl- oder Arylrest des heterocyclischen Ringstickstoffs, beseitigte diese Schwierigkeit (Abb. 25).

Der Sensibilisator bildet in diesem Fall eine stabile Betainstruktur aus, die keine Salzbildung mit dem Kuppler mehr zuläßt.

8. Farbkuppler

Vor der Beschäftigung mit dem Themenbereich des subtraktiven Farbfilms sollen die ausgesprochenen Farbfilmprobleme chemischer und photographischer Natur möglichst klar und übersichtlich aus dem Gesamtgebiet der photographischen Forschung und Produktion herausgestellt werden, damit trotz aller im folgenden beschriebenen Einzelheiten das Verständnis für die Beziehungen zum Ganzen und der Zusammenhang der einzelnen Erkenntnisse stets erhalten bleibt.

Man gewinnt eine eindeutige Formulierung der in Frage stehenden Probleme, wenn man den Farbfilm in Wesen und Aufbau dem Schwarz-Weiß-Film gegenüberstellt. Die grundsätzlichen Unterschiede zwischen diesen beiden Materialien legen automatisch alle Farbfilmprobleme fest.

1. Der subtraktive Farbfilm hat einen schichtweisen Aufbau, zu dem mindestens drei verschieden sensibilisierte Emulsionsschichten erforderlich sind. Aus dem mehrschichtigen Aufbau und der damit verbundenen hohen Gesamtgußdicke, sie liegt etwa bei 12—25 µm gegenüber Schwarz-Weiß-Film mit 5—15 µm, ergibt sich die Frage nach der Schärfe, dem Auflösungsvermögen, den mechanischen Eigenschaften des Films, dem Berührungsschleier und dem Haftproblem der Schichten aufeinander.
2. Der Farbfilm enthält Filterschichten zwischen oder Filterfarbstoffe in den Emulsionsschichten. Gelbfilterfarbstoffe werden zur richtigen Einstellung des Verhältnisses zwischen Eigen- und Sensibilisierungsempfindlichkeit verwendet. Vorwiegend rote bis purpurne Farbstoffe verringern den Diffusionslichthof in der grünempfindlichen Schicht und wirken dadurch schärfeverbessernd.
3. In die Emulsions- und Gelatineschichten sind Kuppler eingelagert (nur das Kodachromverfahren arbeitet mit Kupplern, die während der Entwicklung in die Emulsionsschichten diffundieren). Kuppler sind organische Verbindungen, an die folgende Forderungen zu stellen sind:
   a) Sie müssen ein chromophores System besitzen, das mit dem Oxydationsprodukt des Farbentwicklers unter Bildung eines Farbstoffes reagiert.
   b) Ihre Kupplungsgeschwindigkeit muß möglichst hoch sein.
   c) Sie müssen diffusionsfest,
   d) farblos (außer Kupplern für Maskenverfahren),
   e) gleichmäßig in der Schicht verteilt,
   f) indifferent gegenüber den photographischen Eigenschaften der Emulsionen und

g) chemisch möglichst beständig sein.
h) Ihr Einfluß auf die Viskositätseigenschaften der Emulsion und die mechanischen Eigenschaften (Quellung) der Filmschichten muß möglichst gering sein.
i) Die aus den Kupplern bei der Entwicklung sich bildenden Farbstoffe sollten möglichst hohe Extinktion, ein bestimmtes Absorptionsmaximum und steile Absorptionsflanken ohne Nebenmaximum aufweisen und weitgehendst hydrolyse-, wärme- und lichtbeständig sein.

4. Das Silber dient beim Farbfilm nicht mehr unmittelbar dem Bildaufbau. Vielmehr wird die durch die Entwicklungskeime des Silberhalogenidkristalls bei der Entwicklung ausgelöste Oxydationsenergie mit Hilfe des Entwickleroxydationsproduktes auf das Kupplermolekül übertragen. Diffusion und Lebensdauer des Überträgers und seiner Nachfolgeprodukte sind zu einem großen Teil die Ursache für wichtige Fehlererscheinungen beim Farbfilm, wie schlechte Farbtrennung, schlechte Farbausbeute, Farbkörnigkeit und Farbschleier.
5. Anstelle des Schwarz-Weiß-Bildes entsteht ein farbiges Bild. Damit sind die vielfältigen interessanten farbmetrischen [65], physiologischen und psychologischen Probleme des Farbfilms verknüpft, die im Rahmen dieses Buches nicht besprochen werden sollen.

Die geforderten Bedingungen lassen sich in der Praxis nur teilweise erfüllen. Das Auffinden des richtigen Kompromisses zwischen den erwünschten und den unerwünschten Eigenschaften der Kuppler ist, wie bei vielen chemischen Problemen, besonders in der Photographie die Wurzel des Fortschritts.

8.1. Diffusionsfestigkeit der Farbkuppler

Die in den verschiedenen Farbfilmverfahren eingesetzten Kuppler zeigen nur bezüglich der Maßnahmen, die jeweils ergriffen werden, um den Kupplern Diffusionsfestigkeit in den Emulsionsschichten zu verleihen, wesentliche Unterschiede in ihrem chemischen Bau und in ihren Eigenschaften. Die wichtigsten Verfahren sind die Einführung von Fettresten in das Molekül, die Einlagerung von Kupplermolekülen in feinste Kunststofftröpfchen (Oelkuppler) oder der Einbau chromophorer Gruppen in hochpolymere Moleküle.

Der Einbau von Fettresten in Kupplermoleküle erfolgt fast immer über eine Aminogruppe, über Säureamid- oder seltener über eine Hydroxylgruppe. Die wichtigsten Möglichkeiten sind in den nachstehenden Beispielen formuliert.

Durch den Einbau von Fettresten werden die Kupplermoleküle in hohem Maße hydrophobisiert (wasserunlöslich). Das hat zu großen Schwierigkeiten bei der Einbringung solcher Kuppler in die wäßrige Emulsion geführt. Der praktische Einsatz der Fettrestkuppler gelang daher erst, als man zusätzlich zum Fettrest Säuregruppen in das Kupplermolekül einbaute (hydrophile — wasserlösliche — Fettrestkuppler). Dadurch werden die Kuppler alkalilöslich, die Löslichkeit steigt mit der Zahl der Säuregruppen bzw. mit der Verwendung einer Sulfonsäuregruppe an Stelle einer Carbonsäuregruppe. Im allgemeinen werden zwei bis drei Carbonsäuregruppen oder eine Sulfonsäuregruppe in das Kupplermolekül eingebaut.

Über die Art der Einlagerung dieser Kuppler in die Gelatine ist noch wenig bekannt. Man kann kaum annehmen, daß die Verteilung völlig homogen ist, weil die Kuppler durch ihren polaren Charakter zur Mizellenbildung, sowohl mit sich selbst, als auch an den reaktiven Stellen der Gelatine, neigen. Andererseits läßt sich in silberhalogenidfreien Gelatine-Kupplerschichten, die durch abwechselndes Baden im Farbentwickler und einem Oxydationsmittelbad entwickelt wurden, auch bei stärkster Vergrößerung, keine Farbkörnigkeit beobachten (S. 102).

Die schon bei der Sensibilisierung erwähnte Adsorption von Kupplermolekülen an der Silberhalogenidkornoberfläche führt ebenfalls zu einer Verringerung der Homogenität der Kupplerverteilung in der Emulsionsschicht, dürfte sich aber günstig auf das Auflösungsvermögen auswirken, weil mit steigender Kupplerkonzentration in unmittelbarer Nähe des Korns der Diffusionsweg des Entwickleroxydationsproduktes kürzer und damit der Bildfarbstoffhof um jeden Kristall kleiner wird (siehe Abb. 27).

Unbefriedigend sind die Eigenschaften der Fettrestkuppler insofern, als mit der Einführung von Säuregruppen und Fettresten die Moleküle sehr groß werden und Seifencharakter annehmen. Sie kristallisieren schlecht und verursachen große Schwierigkeiten bei der Reinigung. Es ist deshalb vorgeschlagen worden, den Fettrest dadurch zu umgehen, daß man eine Kupplergruppe mit Dicarbonsäuren zu Bis-Kupplern umsetzt.

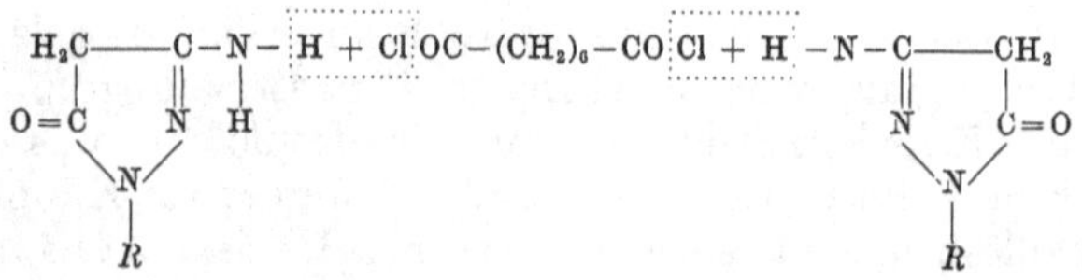

Die Kohlenstoffkette ist hier sehr viel kürzer, trotzdem wird durch die beiden großen Kupplermoleküle an den Enden der Kette die Diffusionsfestigkeit gewährleistet.

Dieser Syntheseweg eröffnet auch die Möglichkeit wie bei den Sensibilisatoren, unsymmetrische Kuppler herzustellen, d. h. Kuppler, die zwei oder mehr verschieden gebaute, kupplungsfähige Gruppen enthalten. Der aus einem solchen Kuppler entstehende Farbstoff hat die Absorptionen beider Stammfarbstoffe und zeigt die Mischfarbe als metameren Farbeindruck. Man könnte auf diese Weise Kuppler „nach Maß" herstellen. Allerdings ist es schwierig, die quantitative Umsetzung der zweiten reaktiven Gruppe der Dicarbonsäure mit dem Kupplermolekül zu erreichen. Nicht zuletzt deshalb hat diese interessante Möglichkeit bis heute keine praktische Anwendung gefunden.

Der Kuppleranteil in der Emulsion liegt etwa bei 20% bezogen auf den Feststoffgehalt, steigt aber auf Grund der Tendenz zu silberreicheren Emulsionen und damit geringeren Schichtdicken relativ gesehen immer weiter an. Gleichzeitig erhöhen sich die Forderungen an die Fließeigenschaften der Emulsion (Viskosität) durch die wachsenden Begießgeschwindigkeiten und die Ansprüche an die mechanisch-physikalischen Eigenschaften des Films infolge der allgemeinen Umstellung auf maschinelle Verarbeitung. Dadurch gewinnen die in Punkt 3h) (S. 80) geforderten Kupplereigenschaften zunehmend an Bedeutung.

Die hydrophilen Fettrestkuppler erfüllen diese Forderungen nur schlecht. Sie erhöhen die Viskosität der Emulsion zum Teil erheblich und führen durch unterschiedliche Beeinflussung der Schichtquellung leicht zu dem Fehler „Runzelkorn“ [113], einem unregelmäßigen Zusammenschieben der Emulsionsschicht, das sich nach der Entwicklung als Struktur im Bild bemerkbar macht.

Es hat sich herausgestellt, daß die zuerst vorhandenen lipophilen — wasserunlöslichen — Fettrestkuppler wesentlich günstigere Eigenschaften haben; sie beeinflussen weder die Viskosität noch die mechanischen Eigenschaften und lassen sich durch die hochentwickelte Dispergiertechnik in ausreichend feiner Verteilung in die Emulsion einbringen [66].

Günstiger hinsichtlich der mechanischen Eigenschaften als die hydrophilen Fettrestkuppler sind auch die Ölkuppler („geschützte Kuppler“), [67]. Sie können niedermolekular sein und brauchen im wesentlichen nur die Atomgruppierungen enthalten, die für die Kupplung und Entstehung eines Bildfarbstoffs mit gewünschter Absorption erforderlich sind. Darin liegt ihr Vorteil gegenüber den Fettrestkupplern. Sie lassen sich leichter und in höherer Reinheit herstellen, der Zusammenhang zwischen Konstitution und Farbe wird einfacher und die Synthesewege vielseitiger.

In der Praxis werden als Ölkuppler die gleichen Verbindungstypen eingesetzt wie bei den Fettrestkupplern. Diese Verbindungen werden in einer hochsiedenden (K. P. über 175 °C), wasserunlöslichen Substanz (z. B. Trikresylphosphat, n-Butylphthalat) gelöst. Die Lösung wird entweder direkt in der Emulsion, oder häufiger in einer Gelatinelösung, dispergiert und dann der Emulsion zugesetzt. Kuppler und kristalloides Material bleiben auch im getrockneten Film flüssige Tröpfchen in mikroskopisch feiner Verteilung (Durchmesser größenordnungsmäßig 0,1 μm). Die Tröpfchen sind durchlässig für die Entwicklerlösungen. Die Diffusionsfähigkeit des Entwicklers in die Kupplertröpfchen wird durch Zusatz organischer Quell- und Lösungsmittel zum Entwickler wie z. B. Benzylalkohol erhöht. Anstelle der hochsiedenden Substanzen kann man die Ölkuppler auch in leicht flüchtigen, mit Wasser mischbaren organischen Lösungsmitteln verteilen, als Einbettungsmittel Harze wie Polystyrol, Polyvinylacetat oder Celluloseacetatbutyrat zusetzen, die Lösung in Wasser unter Eliminierung des organischen Lösungsmittels dispergieren und der Emulsion einverleiben.

Trotz des niedrigen Molekulargewichtes der geschützten Kuppler werden keine höheren Kupplungsgeschwindigkeiten in so hergestellten Filmmaterialien erreicht, weil der höheren Reaktionsfähigkeit der Kuppler ihre weniger homogene Verteilung und die in den Kunststofftröpfchen verlangsamte Diffusion des Entwickleroxydationsproduktes entgegenwirken.

In den letzten Jahren sind auf dem Gebiet der sogenannten polymeren Kuppler eine große Zahl von Patentanmeldungen getätigt worden [68, 69]. Diese Kuppler entstehen dadurch, daß man an die reaktive Gruppe eines polymerisierbaren Moleküls wie Metacrylsäurechlorid, Vinylpyrrolidon, Vinylaether, Vinylacetat-Maleinsäure, oder Fumarsäuredichlorid, die nicht zur Polymerisation benötigt wird, ein Kupplermolekül anlagert.

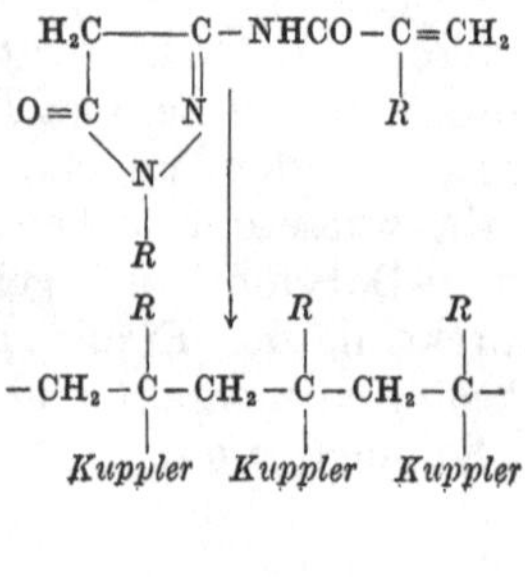

Die Polymerisation erfolgt unter Einbau löslichmachender Gruppen, die die Einbringung des Kunststoffkupplers in Gelatinelösung bzw. in Emulsionen ermöglichen. Unter Umständen wird auch der polymere Kuppler selbst als Träger für das lichtempfindliche Silberhalogenid eingesetzt.

Eine andere Herstellungsmöglichkeit ist die Umsetzung von Polyvinylalkoholen oder -acetaten mit monomeren Aldehyden oder Acetalen, die farbkuppelnde Gruppen tragen.

Die Polymerkuppler haben trotz absoluter Diffusionsfestigkeit infolge der wie auf eine Kette aufgereihte Kupplergruppen ein Minimum an Ballaststoff und sind daher besonders für die Herstellung dünner Emulsionsschichten zur Erreichung hoher Schärfe geeignet. Die Schwierigkeiten bei diesen Kupplern liegen einmal, ähnlich wie bei den mehrkernigen Kupplern, in der gegenseitigen Beeinflussung der aktiven Methylengruppen, die eine Verminderung der Kupplungsgeschwindigkeit bewirkt, und, entsprechend den Verhältnissen bei den Ölkupplern, in der Erschwerung der Diffusion während der Entwicklung, welche die gegenüber Gelatine viel geringere Quellfähigkeit der Hochpolymeren verursacht.

Auch den polymeren Kupplern liegen hinsichtlich der Farbstoffbildung die gleichen Kupplertypen wie den geschützten und den Fettrestkupplern zugrunde. Daher genügt es, an einer der drei Gruppen die Synthese der Kuppler, ihr Verhalten in der Emulsion, ihre Reaktion während der Entwicklung sowie die Eigenschaften der aus ihnen entstehenden Bildfarbstoffe zu beschreiben. Wir beschränken uns im folgenden auf die bekanntesten Fettrestkuppler. Ein großer Teil der geschilderten Reaktionen und Eigenschaften läßt sich sinngemäß sowohl auf die Öl- als auch auf die Polymerkuppler übertragen.

8.2. Das chromophore System [70, 71]

Allen Kupplern gemeinsam, unabhängig davon, welche Farbe sie bei der Kupplung ergeben, ist eine Atomgruppierung, in der sich zwei (oder eins neben einer leicht abspaltbaren Gruppe) durch benachbarte Doppelbindungen sehr reaktionsfähige Wasserstoffatome an einem Kohlenstoffatom befinden. Die einfachste Verbindung, die diese Bedingung erfüllt, ist der Acetessigester, dessen Wasserstoffatome der aktiven Methylengruppe bei Gegenwart eines Oxydationsmittels bereits unter mildesten Bedingungen (Zimmertemperatur, wäßrige Lösung, alkalischer pH-Bereich) mit Farbentwicklern (TSS = N-Diäthyl-p-phenylendiamin) unter Bildung eines gelben Farbstoffes reagieren.

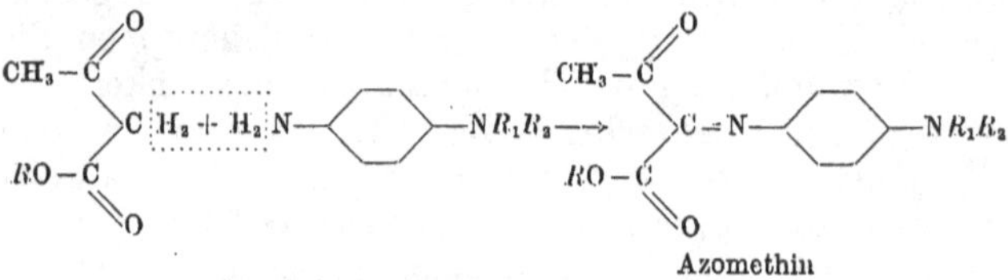

Vom Acetessigester und Benzoylessigester leiten sich die meisten gelbkuppelnden Verbindungen ab. Das Absorptionsmaximum der aus Gelbkupplern hergestellten Bildfarbstoffe soll bei 450 nm liegen (Abb. 17). Als Kupplungsstelle haben sie eine aktivierte Methylengruppe, die keinem Ring angehört, der α-ständig eine Carbonylgruppe und als zweiter aktivierender Rest, eine Carbonyl-, Carboxyl-, Carbamid-, Cyanogruppe oder ein heterocyclischer Ring benachbart ist. Am gebräuchlichsten sind die Benzoylacetarylide

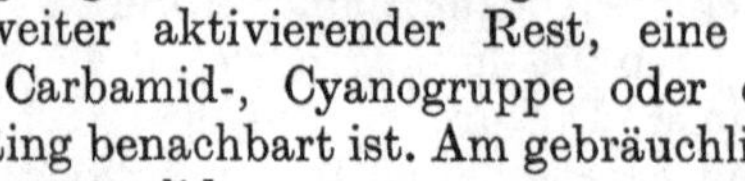

weil sie verhältnismäßig leicht zugänglich sind.

Einer der bekanntesten Gelbkuppler ist das N-Stearoyl-p-amino-benzoylacetamid der m-Aminoisophthalsäure (Tafel 2).

Es gibt viele Variationsmöglichkeiten für die Herstellung von Gelbkupplern durch Substitution an den die aktive Methylengruppierung begrenzenden Benzolringen. Auch die Benzolringe selbst lassen sich durch andere Ringsysteme ersetzen. Entsprechend gibt es eine große Zahl von Patenten, die neue Gelbkuppler beschreiben. Tatsache ist aber, daß die erzielten Verbesserungen nicht groß genug sind, um Kuppler, wie den in Tafel 2 beschriebenen, endgültig zu verdrängen. Die Kuppler sind nach den Sensibilisatoren die teuersten Emulsionszusätze und werden zudem in 100- bis 1000facher Menge, verglichen mit Sensibilisatoren, Netz- und Härtungsmitteln, angewendet. In diesem Fall ist die Erhöhung der Herstellungskosten beim Einsatz eines neuen Kupplers durchaus ein Faktor, der gegen die erzielte Qualitätsverbesserung abgewogen werden muß. Diese Erwägungen gelten in gleicher Weise auch bei der Synthese von Purpur- und Blaugrünkupplern.

Mit der linearen Struktur der meisten Gelbkuppler steht wahrscheinlich die geringe Lichtechtheit der daraus erhältlichen Azomethinfarbstoffe im Zusammenhang. Es sind viele Gelbkuppler mit dem Ziel synthetisiert worden, die Lichtbeständigkeit der daraus hergestellten Bildfarbstoffe zu erhöhen. Am aussichtsreichsten scheint noch die Substitution beider Benzolringe in Orthostellung zu sein, durch die auch die Wärme- und Feuchtbeständigkeit ansteigt.

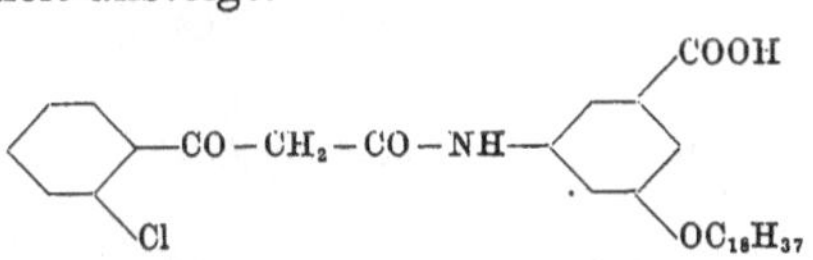

o-Chlorbenzoyl-acet-2-octadecyloxy-5-carboxy-anilid

Man muß sich aber darüber im klaren sein, daß die auf Azomethinbasis hergestellten Gelbfarbstoffe in einer

Tafel 2

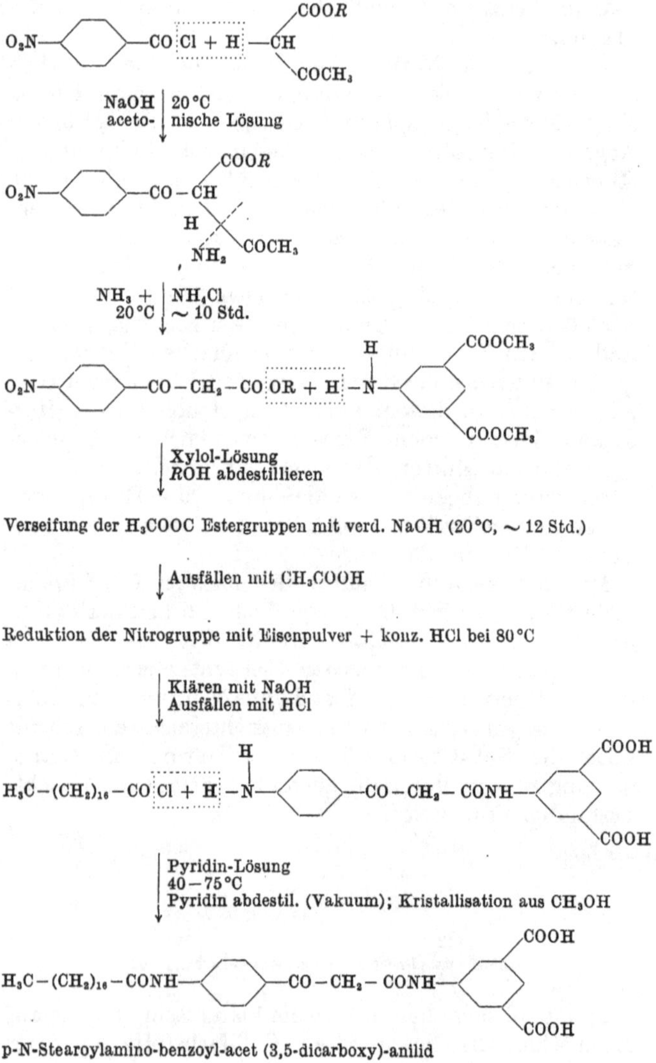

p-N-Stearoylamino-benzoyl-acet (3,5-dicarboxy)-anilid

Gelatineschicht, dem Sonnenlicht ausgesetzt, schon nach einigen Wochen zerstört sind. Noch so günstige Substitutionen erhöhen den Haltbarkeitswert kaum mehr als um das Doppelte oder Dreifache. Man kann bei den Bildfarbstoffen chromogener Farbfilm-Materialien, das gilt weitgehend auch für Purpur- und Blaugrünfarbstoffe, noch nicht von Lichtechtheit, etwa im Sinne der Indanthrenfarbstoffe, sprechen (S. 159). Deshalb hat das Silberfarbbleichverfahren, das mit lichtechten Azofarbstoffen arbeitet, eine echte Chance, sich für die Herstellung von Aufsichtsbildern durchzusetzen.

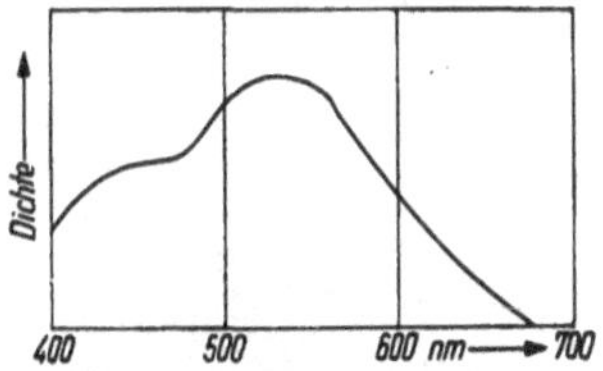

Abb. 26
Absorptionskurve eines Purpurkupplers

Als Purpurkuppler bezeichnet man alle Verbindungen, die mit Farbentwickleroxydationsprodukten zu Farbstoffen kuppeln, deren Hauptabsorptionsgebiet zwischen 500 und 600 nm liegt. Abb. 26 zeigt die charakteristische Absorptionskurve eines aus Purpurkuppler hergestellten Farbstoffes. Die kurzwellige Flanke liegt flacher als die langwellige, und viele Purpurkuppler haben ein deutliches Nebenmaximum im blauen Spektralbereich bei 450 nm. Diese kurzwellige Nebenabsorption liegt bereits im Absorptionsgebiet des blauempfindlichen Obergusses und verursacht unerwünschte Farbverfälschungen, die zum heute vielfach angewendeten Maskenverfahren nötigen. Eine Verschiebung des Absorptionsmaximums, das je nach Verwendungszweck bei 530 bis 560 nm liegen soll, nach längeren Wellen, um das Nebenmaximum aus dem Absorptionsbereich des Obergusses herauszunehmen, bringt keine Lösung, weil dann der langwellige Teil der Absorptionskurve mit der Rotabsorption des Untergusses überlappt. Deshalb konzentriert sich die Synthese von Purpurkupplern in erster Linie auf die Verringerung der Nebenabsorption für die aus ihnen hergestellten Farbstoffe.

Das wichtigste chromophore System bei den Purpurkupplern ist der Pyrazolonring. Wie beim Acetessigester wird durch zwei α-ständige, Doppelbindungen tragende Atomgruppierungen die Ringmethylengruppe in 4-Stellung aktiviert. Die Aktivierung erhöht sich durch die Ausbildung des heterocyclischen Ringes und die Anlagerung eines konjugierten Ringsystems (Benzolring) in 1-Stellung an den Stickstoff. Die diffusionsverhindernden Reste werden im allgemeinen in 3-Stellung eingeführt.

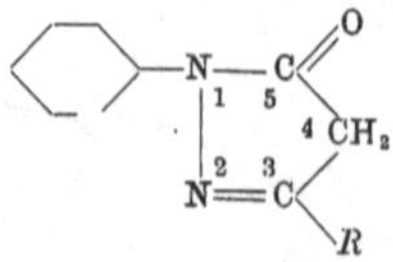

Die Pyrazolone besitzen mit die höchste Kupplungsfähigkeit aller zur Zeit praktisch eingesetzten Kuppler.

Ein gebräuchlicher Purpurkuppler wird in Tafel 3 angeführt. Dieser Kupplertyp zeichnet sich durch verhältnismäßig einfache Herstellung mit guter Ausbeute und Reinheit in den einzelnen Reaktionsstufen aus, hat aber den Nachteil eines ausgeprägten Nebenmaximums bei 450 nm.

Durch Verwendung von 3-Aminopyrazolonen läßt sich das Nebenmaximum weitgehend vermindern (Abb. 19).

Der diffusionsverhindernde Rest wird in diesem Fall über einen aromatischen Ring oder direkt an die Aminogruppe angehängt (Tafel 4).

Absorptionsmäßig noch günstiger liegen Kuppler, bei denen der Benzolring und der Pyrazolonring durch eine zweite Bindung, unter Ausbildung eines zusätzlichen Imidazol-Ringes miteinander verbunden sind [72]

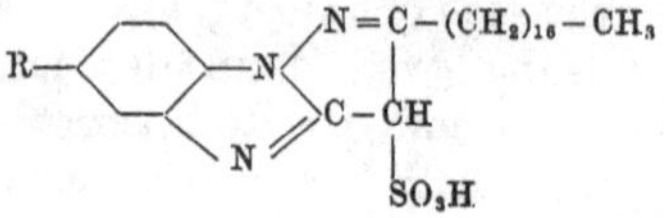

Die bessere Absorption wird aber in diesem Fall durch einen Rückgang an Kupplungsaktivität erkauft. Die geringere Kupplungsaktivität erfordert zumindest eine erhöhte Kupplerdosierung in der Schicht, meist auch eine

Tafel 3

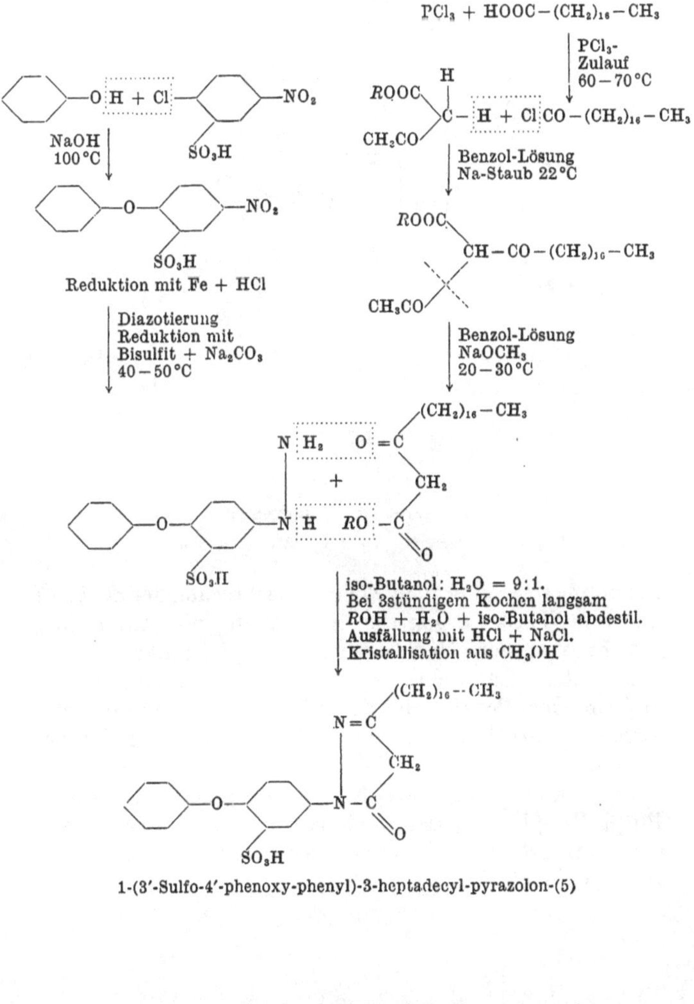

1-(3'-Sulfo-4'-phenoxy-phenyl)-3-heptadecyl-pyrazolon-(5)

Tafel 4

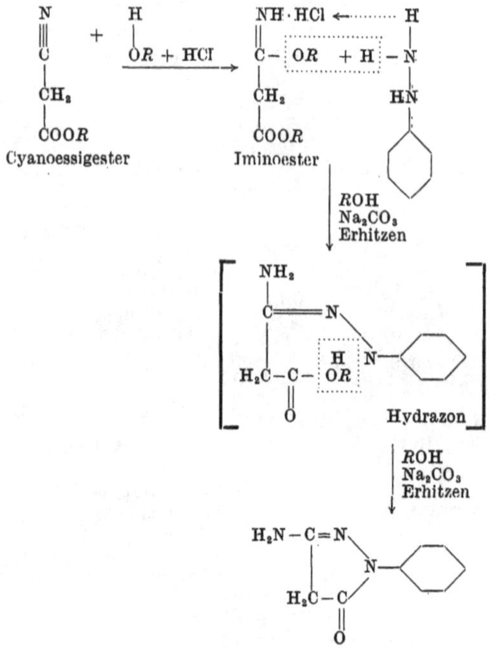

1-Phenyl-3-aminopyrazolon (5)

Erhöhung der Silbermenge (Verschlechterung der Schärfe) und eine Verbesserung der Abtrennung der Emulsionsschicht von den Nachbarschichten (Verhinderung der verstärkten Entwickleroxydationsproduktdiffusion), so daß in der Praxis die Vorteile der annähernd optimalen Absorption durchaus nicht immer zum Tragen kommen.

Ähnlich liegen die Verhältnisse bei einem ganz anderen Purpurkupplertyp, der auch einen sehr günstigen Absorptionsverlauf, aber verminderte Kupplungsaktivität zeigt (Tafel 5).

Tafel 5

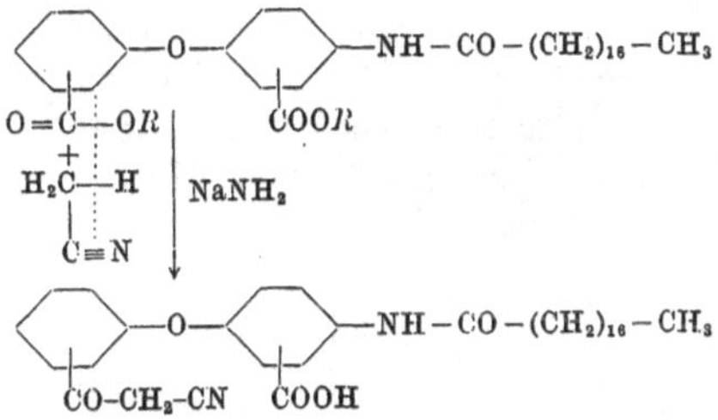

Cyanaceto-carboxy-4-stearoylamino-diphenylaether

Anstelle des Pyrazolonringes lassen sich andere heterocyclische Ringe mit aktiver Methylengruppe in Purpurkupplern verwenden.

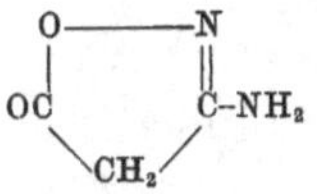

Amino-isoxazolon

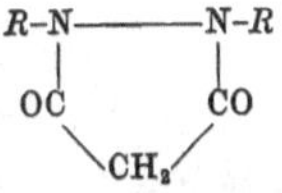

Diketopyrazolidin

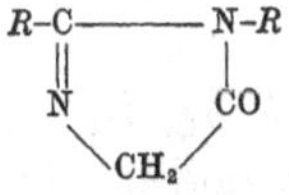

Imidazolon

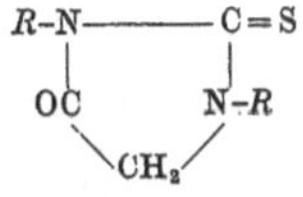

2-Thiohydantoin

Purpurfarbstoffe mit größerer Lichtbeständigkeit erhält man durch Kupplung von m-Phenylendiaminen mit TSS oder aromatischer Triamine mit Kupplern vom 8-Hydroxichinolin-Typ. Bei der Farbkupplung bilden sich zunächst blaue bis blaugrüne Chinoniminfarbstoffe, die sich aber schnell in die purpurnen Azinfarbstoffe umlagern:

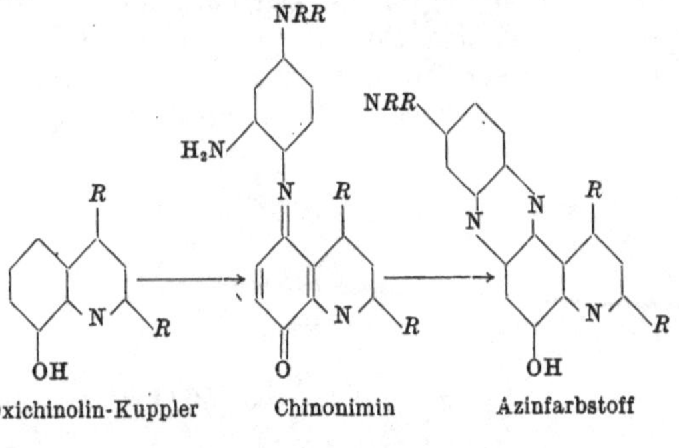

8-Oxichinolin-Kuppler Chinonimin Azinfarbstoff

Besonders interessant sind die von J. J. JENNEN gefundenen Purpurkuppler aus der Indazolonreihe. Sie zeigen, wenn sie auch den Pyrazolonen nicht ebenbürtig sind, gute Kupplungseigenschaften mit den üblichen Farbentwicklern, ohne eine aktive Methylengruppe zu besitzen.

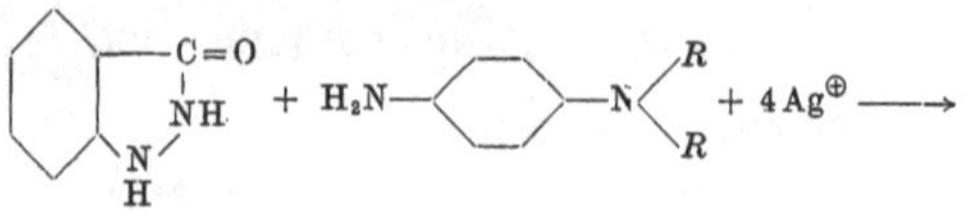

Indazolon Farbentwickler

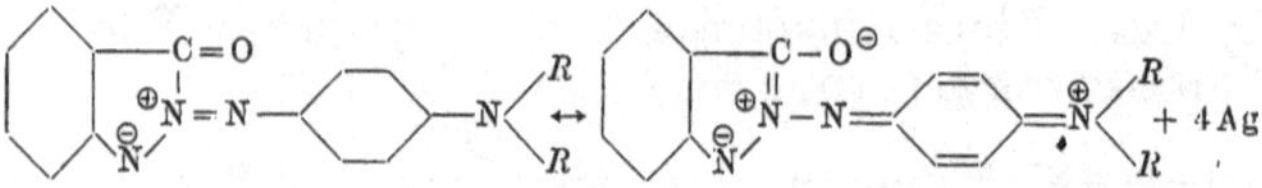

Die Farbstoffe der Indazolonkuppler haben praktische Anwendung gefunden. Sie zeichnen sich durch steile Absorptionsflanken und das Fehlen eines Nebenmaximums aus.

Die dritte Gruppe von Kupplern für das Dreifarbenbild auf subtraktiver Grundlage sind die Blaugrünkuppler. Sie bilden Farbstoffe, deren Hauptabsorptionsgebiet zwischen 600 und 700 nm liegt. Auch bei diesen Farbstoffen ist die kurzwellige Flanke der Absorptionskurve die flachere und ragt fast immer in das Gebiet der grünempfindlichen Schicht hinein. Das chromophore System dieser Gruppe ist das Phenol- oder Naphtholmolekül. Diese Verbindungen enthalten, wenn man ihre mesomeren Grenzformen betrachtet, aktive Methylengruppen.

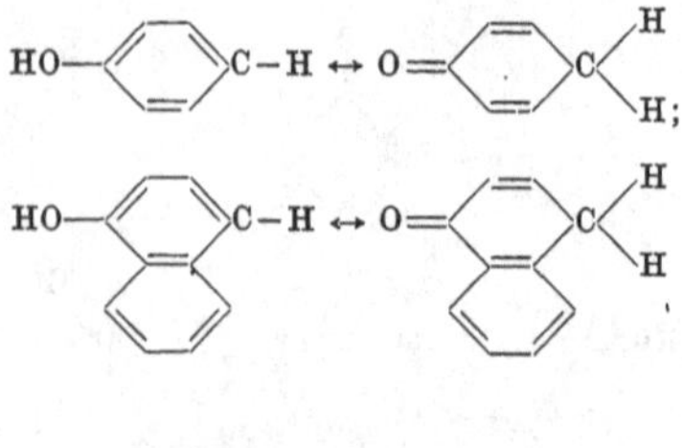

Durch Kupplung mit dem Farbentwickler entstehen Chinonimin- oder Indoanilinfarbstoffe, die bereits von R. FISCHER für diese Zwecke vorgeschlagen worden sind.

Bei Farbnegativ-Materialien werden Blaugrünkuppler eingesetzt, deren Farbstoffe teilweise im ultraroten, für das menschliche Auge nicht mehr erkennbaren Bereich des Spektrums absorbieren (Verweißlichung des Grün). Daher zeigt ein Farbnegativ-Material bei der Betrachtung stark verminderte, nach Braun tendierende Farbigkeit. Das Absorptionsmaximum dieser Farbstoffe liegt bei oder über 700 nm (Abb. 17). Die dadurch verringerte Überlappung zwischen der Absorption der Blaugrün- und der Purpurschicht ergibt eine Verbesserung der Farbreinheit beim Kopierprozeß, wenn der Positivfilm entsprechend langwellig bei 700 nm sensibilisiert ist. Bei Positiv- und Umkehrmaterialien dagegen muß der Blaugrünfarbstoff möglichst optimal im Bereich der Augenempfindlichkeit liegen. Das entspricht einem Absorptionsmaximum von etwa 650 nm (Abb. 19).

Die Synthese eines Blaugrünkupplers für das Negativ-Material wird in Tafel 6 wiedergegeben.

Zwei Beispiele für Blaugrünkuppler mit kürzer liegendem Absorptionsmaximum (640 bis 650 nm) werden in den Tafeln 7 und 8 angeführt.

Der Einbau einer tertiären Aminogruppe in das Kupplermolekül zwischen Naphthol- und Benzolring, wie bei der in Tafel 7 dargestellten Verbindung, kann ebenso wie das Anhängen eines Piperidin- oder Morpholinringes in engen Grenzen zur Erhöhung der Lichtechtheit und der Hydrolysebeständigkeit der Blaugrünfarbstoffe beitragen.

Die in Tafel 8 dargestellte Verbindung ist ein Beispiel für solche Kuppler, die an der aktiven Methylengruppe substituiert sind. Sie werden als 2-Äquivalentkuppler bezeichnet, weil für die Oxydation zum Farbstoff nur zwei Silberionen erforderlich sind. Sie gewinnen in dem Maße an Bedeutung, in dem man bestrebt ist, die Silbermengen in Farbfilmen einerseits zur Verringerung des Diffusionslichthofes (Verbesserung der Schärfe) und andererseits wegen der steigenden Silberpreise herabzusetzen. Der Substituent wird, wie das Formelschema zeigt, bei der Farbentwicklung eliminiert (S. 98). Leicht abspaltbare Substituenten sind Halogenatome, Sulfonsäure-, Thiocyano-, Imid-, Alkoxi-, Acyloxi- oder Azo-

Tafel 6

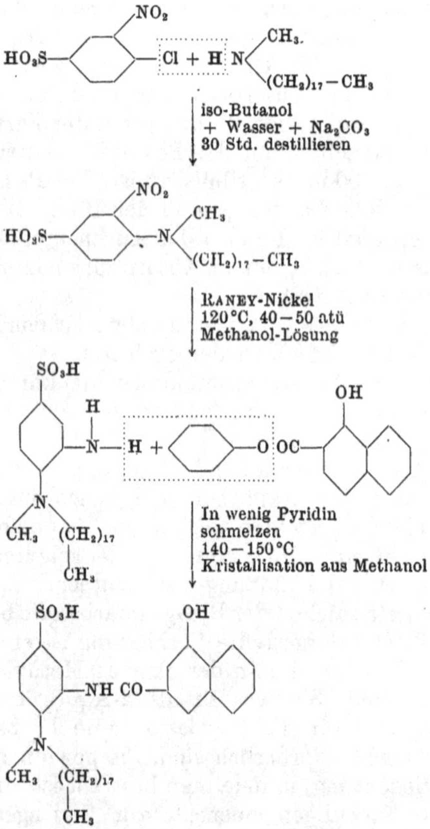

3-(N-1-Oxynaphthoyl)-4-(N-methyl-N-octadecyl)-benzolsulfonsäure

Tafel 7

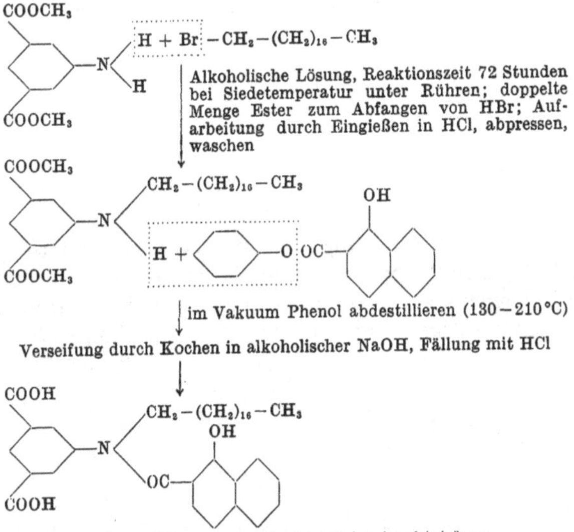

N-Stearyl-N-α-oxynaphtoyl-m-amino-isophtalsäure

Tafel 8

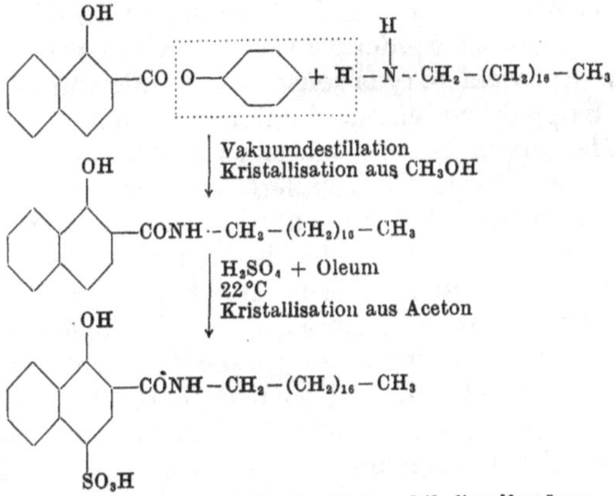

1-Oxy-2-carboxyoctadecylamid-4-naphthalinsulfonsäure

gruppen [73]. Letztere spielen bei der Herstellung der noch zu beschreibenden Maskenkuppler eine große Rolle.

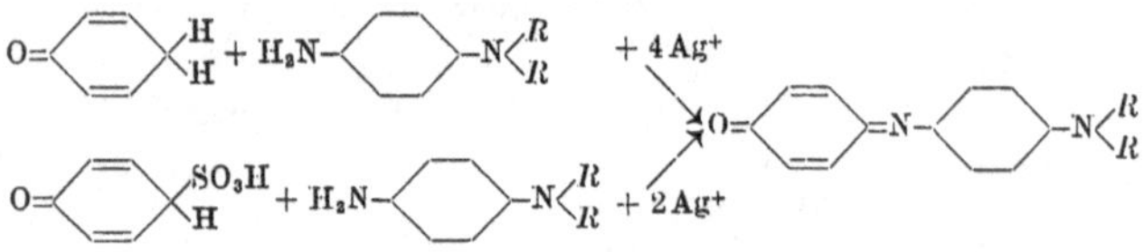

Auch die Einführung nichtabspaltbarer Reste wie Methyl-, Äthyl- oder Isopropylgruppen in die aktive Methylengruppe von Kupplern hat einige Bedeutung zur Herstellung sogenannter Farbloskuppler erlangt [74]

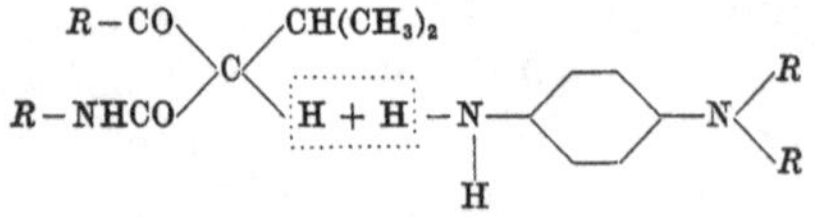

Diese Verbindungen kuppeln mit dem Entwickleroxydationsprodukt, wenn auch mit verminderter Geschwindigkeit unter Bildung farbloser Verbindungen vom Typ der Leukofarbstoffe, die sich nicht zum Farbstoff weiteroxydieren lassen. Die Farbloskuppler können überall dort eingesetzt werden, wo man vermeiden will, daß sich das Entwickleroxydationsprodukt unerwünscht mit einem Kuppler zu einem Bildfarbstoff umsetzt. Man verwendet sie z. B. in Gelatinezwischenschichten, die zwei mit verschiedenen Kupplern versehene Emulsionsschichten voneinander trennen, um das kupplungsfähige Entwickleroxydationsprodukt, das in die Nachbarschicht zu diffundieren versucht und dadurch Farbverfälschungen verursachen würde, abzufangen. Farbkupplerhaltigen Emulsionsschichten zugesetzt, wirken die Farbloskuppler gradationsverflachend, weil weniger Farbstoff aus dem Entwicklungsvorgang entsteht. Schließlich kann man sie nach der Farbentwicklung zur Verringerung des Farbschleiers einsetzen.

8.3. Prüfung und Wirkungsweise

Wie die Sensibilisatoren können auch die Kuppler in der Emulsionsschicht photographisch geprüft werden. Man stellt Typ- und Versuchsguß her und vergleicht ihre Sensitometerstreifen (Abb. 23) nach gemeinsamer Farbentwicklung hinsichtlich ihrer Gradation, maximalen Farbdichte, Farbwiedergabe und ihrer Empfindlichkeit. Die quantitative Auswertung dieses Vergleiches wird mit Hilfe sensitometrischer Meßmethoden durchgeführt.

Diese Prüfung reicht aber bei Kupplern zur vollen Charakterisierung ihrer chemischen Eigenschaften nicht aus. Zum Beispiel lassen sich größere Mengen photographisch inaktiver Verunreinigungen (bis zu 30%) mit der photographischen Prüfmethode nicht sicher nachweisen. Elementaranalysen führen bei der Größe der Moleküle und der Unreinheit fabrikationsmäßig hergestellter Posten nicht zum Ziel. Es ist auch vielfach, aber ohne Erfolg, versucht worden, bestimmte reaktive Gruppen im Kupplermolekül, wie Amino- oder Äthergruppen, quantitativ zu erfassen, um daraus Rückschlüsse auf die Reinheit der Kuppler zu ziehen. Am nächsten liegt für die Prüfung der Kuppler die quantitative Durchführung der den Bildfarbstoff ergebenden Kupplungsreaktion. Wie alle Farbreaktionen bietet die Kupplungsreaktion aber erhebliche Schwierigkeiten bei ihrer quantitativen Erfassung. Man benötigt nur geringste Substanzmengen, um Farbstofflösungen zu erhalten, die nicht zu dicht zur optischen Ausmessung sind. Die Kupplungsreaktion ist so empfindlich, daß schon kleinste Handhabungsunterschiede oder Unterschiede in den Reaktionsbedingungen (Temperatur, Zeit, Konzentration) deutliche Farbdichteänderungen bewirken. Die Folge ist, daß die Fehlergrenze mit $\pm 2\%$ höher liegt als bei anderen analytischen Verfahren.

Das Prinzip der Bestimmungsmethode ist die Einwaage einer bestimmten Kupplermenge, die in verdünnter Natronlauge vollständig und schonend (Zusatz organischer Lösungsmittel wie Methanol, Aceton und schnelle Abkühlung der alkalischen Lösung auf Zimmertemperatur) gelöst wird. 10 m*l* dieser Kupplerlösung, die 5×10^{-6} Mol Kuppler enthalten (das sind etwa 3 mg Kuppler), werden mit $2{,}5 \times 10^{-3}$ Mol Kaliumcarbonatlösung auf pH 10 bis 11 gebracht, mit $1{,}5 \times 10^{-5}$ Mol Farbentwickler (dreifacher Überschuß), $2{,}5 \times 10^{-5}$ Mol Oxydationsmittel versetzt und auf 100 m*l* aufgefüllt. Nach Erreichung der maximalen Farbdichte der Lösung (10 bis 15 Minuten Stehzeit) wird die optische Dichte im Absorptionsmaximum des Bildfarbstoffes ausgemessen.

Als Beispiele für die auf diese Weise bestimmten molaren Dichten sind die Bildfarbstoffe angeführt, die bei der Farbentwicklung aus den Kupplern der Tabellen 2 bis 8 entstehen.

Tabelle 5

Kuppler	Farbe	Mol.-gew.	Abs.-maximum	Molare Dichte	Rel. Kuppl.-geschwindig.
Tafel 2	Gelb	608	445 nm	0,50	0,3
Tafel 3	Purpur	570	525 nm	1,07	2,5
Tafel 4*)	Purpur	613	535 nm	1,35	1,1
Tafel 5	Purpur	562	510 nm	0,72	0,4
Tafel 6	Blaugrün	624	720 nm	1,19	3,0
Tafel 7	Blaugrün	603	665 nm	0,96	1,0
Tafel 8	Blaugrün	519	655 nm	0,92	0,5

*) Mit Fettrest und Säuregruppe

Als Oxydationsmittel wird Ammoniumpersulfat verwendet, obwohl bei seinem Einsatz der Reaktionsablauf nicht so übersichtlich ist wie bei Verwendung von Kaliumferricyanid. Während man bei letzterem nur einen 20- bis 30%igen Überschuß über die stöchiometrische Menge anzuwenden braucht, um quantitative Farbkupplung zu erreichen, läuft die Kupplungsreaktion bei Einsatz von Ammonpersulfat erst bei einem 3- bis 5fachen Überschuß über die theoretisch notwendige Menge genügend schnell und vollständig ab. Das Kaliumferricyanid hat aber zwei entscheidende Nachteile: Es reagiert mit vielen Kupplern unter Zerstörung der Kupplungsfähigkeit und verringert durch seine Eigenfärbung die Meßgenauigkeit, besonders bei Gelbkupplern [75].

Versuche mit Silberhalogenid als Oxydationsmittel sowie Durchführung der Reaktion in Gelatinelösung und Kombination beider Varianten haben bei allen untersuchten Kupplern mit der Prüfung in wäßriger Lösung übereinstimmende Werte ergeben. Es ist deshalb in erster Näherung anzunehmen, daß der Reaktionsablauf bei der quantitativen Kupplung in Lösung der gleiche ist wie der in der Filmschicht.

Mit Hilfe der quantitativen Umsetzung der Kuppler zu Bildfarbstoffen in wäßriger Lösung läßt sich daher nicht nur die Reinheit der Kuppler kontrollieren oder ihre Synthese überwachen, sondern es lassen sich auch wichtige Aussagen über die Wirkungsweise der Kuppler in der Emulsionsschicht machen.

Die molare Dichte der Bildfarbstoffe wirkt sich auf die Schärfe des Farbfilms aus. Bei niedriger molarer Dichte benötigt man größere Kupplermengen und damit auch eine erhöhte Silberhalogenidmenge, um zur gewünschten Farbdichte zu gelangen. Jede Erhöhung der Silbermenge hat aber eine Schärfeverschlechterung durch den wachsenden Diffusionslichthof zur Folge, und zwar in verstärktem Maße, wenn die Silberhalogenidmenge durch Gußdickensteigerung erhöht wird.

Mittels der molaren Dichte und der Reaktionsgeschwindigkeit der Kuppler lassen sich die optimalen Kuppler- und Silbermengen für den Aufbau eines Farbfilmmaterials im voraus berechnen. Allerdings muß man dabei auch noch berücksichtigen, daß die Ausbeute an Bildfarbstoff nicht nur von der Silbermenge abhängt, sondern mit steigender Größe der Silberhalogenidkristalle abnimmt. Die maximale Dichte jedes der drei Bildfarbstoffe in einem Positivfilm (Dia) muß etwa 2,5 betragen, damit bei der Projektion ein befriedigender Bildeindruck entsteht, vor allem schwarze Bildteile auch wirklich Schwarz erscheinen. Bei Aufsichtsbildern können die maximalen Bildfarbstoffdichten infolge der Betrachtung des vom Bild reflektierten Lichtes bei heller Umgebung erheblich niedriger liegen, nämlich bei 0,6 bis 0,8.

Eng mit der molaren Dichte hängt die Farbkörnung zusammen [76]. Je größer die molare Dichte ist, um so deutlicher tritt die Farbkörnung in Erscheinung. Da die Größe der Farbkörner bei homogener Verteilung des Kupplers in der Schicht parallel der Größe der Silberhalogenidkörner wächst, muß man bei jedem Filmmaterial entsprechend seiner Verwendung entscheiden, welche Farbkörnung noch zulässig ist, und danach die Emulsionskörnigkeit einstellen. Je mehr man ein Farbbild vergrößert, um so deutlicher tritt die Farbkörnung in Erscheinung. Außerdem stört sie bei einem Laufbild durch das „Kribbeln", gleiche Vergrößerung der Bilder vorausgesetzt, mehr als bei einem Standbild. Aus diesem Grunde benötigen 8 mm-Schmalfilme ein feineres Silberhalogenidkorn als Kleinbildfilme und sind deshalb zwangsläufig unempfindlicher.

Der unmittelbare Zusammenhang zwischen Silberkorn und Farbkorn wird in Abb. 27 dargestellt. Um jeden Silberhalogenidkristall bildet sich ein Farbstoffhof, der um so größer wird, je länger man entwickelt, und sich erst dann nicht mehr weiter ausdehnt, wenn alles Silber des Kristalls reduziert ist. Dieser Farbstoffhof ist die Ursache dafür, daß das Auflösungsvermögen und die Körnung eines Farbfilms schlechter sind als die entsprechenden Werte eines S/W-Filmes, der mit der gleichen Emulsion wie der Farbfilm hergestellt worden ist. Zwar schrumpft der Farbstoffhof beim Fixieren durch das Herauslösen des Silberhalogenids zusammen, dabei verkleinert sich aber das Farbstoffkorn in der Aufsicht nicht, weil die Schrumpfung nur vertikal erfolgt. Die Bestimmung des Auflösungsvermögens erfolgt nach TGL 143-402 für S/W- und nach TGL 143-407 für Farbfilm.

Die Ausdehnung des Farbstoffhofes ist nicht nur von der Silbermenge im Kristall, sondern auch von der Kupplerkonzentration in der Schicht und von der Reaktionsfähigkeit des Kupplers als einer, wie im folgenden gezeigt wird, wichtigen Größe für die Farbfilmqualität abhängig.

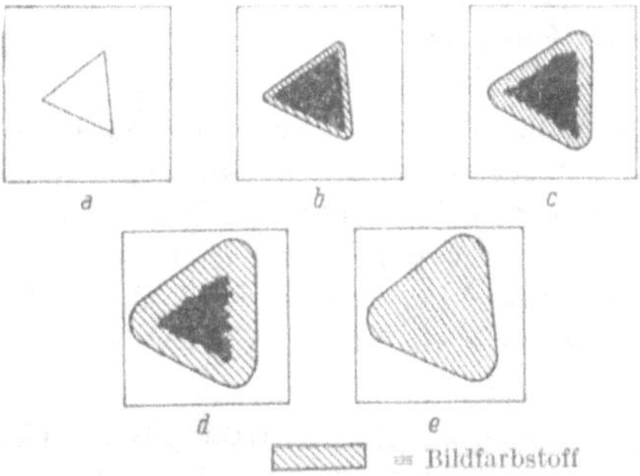

Abb. 27 Schematische Darstellung der Farbentwicklung an einem Silberhalogenidkristall. Zusammenhang zwischen Entwicklungszeit und Ausdehnung des Farbstoffhofes (nach Versuchen von H. Kreibich VEB Filmfabrik Wolfen)

a: AgBr-Kristall in Gelatine und Kuppler;
b: anentwickelt;
c: Mittlere Entwicklungszeit;
d: durchentwickelt;
e: gebleicht und fixiert.

Da die Kupplerkonzentration durch die Silbermenge in der Schicht einerseits und durch die nachteiligen mechanischen Eigenschaften, die eine hohe Kupplermenge bewirken andererseits, weitgehend festgelegt ist, läßt sich die Größe des Farbstoffhofes im wesentlichen nur durch die Reaktionsgeschwindigkeit der Kuppler steuern. Je höher die Reaktionsgeschwindigkeit des Kupplers steigt, um so kleiner wird der Farbstoffhof und um so besser sind Konturenschärfe und Auflösungsvermögen. In bestimmten Fällen ist die Vermeidung der Farbkörnigkeit wichtiger als die Schärfe, dann kann man mit sehr langsamen Kupplern eine Vergrößerung des Farbstoffhofs bei gleichzeitiger Verringerung seiner Dichte erreichen. Die Folge ist ein Rückgang der Farbkörnung durch bessere Überlappung und geringeren Kontrast der Farbkörner.

Auf die Farbreinheit hat die Reaktionsgeschwindigkeit der Kuppler insofern einen Einfluß, als im Grenzbereich zwischen zwei Emulsionsschichten Entwickleroxydationsproduktmoleküle, die in der einen Schicht an Silberhalogenidkristallen entstehen, in die angrenzende Emulsionsschicht diffundieren, dort farbkuppeln und dadurch Farbverfälschungen hervorrufen. Je höher die Kupplungsgeschwindigkeit wird, um so weniger Entwickleroxydationsprodukt kann aus der Schicht ausdiffundieren. Die Lebensdauer des kupplungsfähigen Entwickleroxydationsproduktes ist sehr kurz. Sie liegt in der Größenordnung der Kupplungsgeschwindigkeit. Deshalb erlaubt eine Steigerung der Reaktionsfähigkeit der Kuppler, durch die sich die auf Silber bezogene Farbstoffausbeute erhöht, eine Reduzierung der Silbermenge in den Emulsionsschichten, die sich ihrerseits vorteilhaft auf die Schärfe und in Anbetracht der Silberknappheit auf die Ökonomie des Farbfilms auswirkt.

Befinden sich in einer Emulsionsschicht zwei oder mehr Kuppler, dann richten sich die bei der Entwicklung gebildeten Farbstoffmengen nach dem Mengenverhältnis der Kuppler und, solange ein großer Kupplerüberschuß vorhanden ist — im Bereich schwacher Belichtung — nach dem Verhältnis der Reaktionsgeschwindigkeiten der verwendeten Kuppler. Damit ergeben sich zusätzliche Möglichkeiten der Farbkorrektur und der Beeinflussung des Interimageeffektes.

Absolute Bestimmungen der Reaktionsgeschwindigkeit von Kupplern sind von Tong und Glesmann mit einer Strömungsapparatur nach Ruby durchgeführt worden. Sie sind aufwendig, weil die Geschwindigkeiten im Millisekundenbereich liegen und haben außerdem keine direkte Beziehung zur praktischen Filmentwicklung. Einfacher ist das Prinzip der Konkurrenzkupplung, das zwar nicht zu absoluten Geschwindigkeitsangaben, aber zu praxisnahen Vergleichswerten mit ausreichender Genauigkeit führt.

Eggers [77] hat dieses Prinzip erstmalig angewendet, indem er zwei Kuppler gleichzeitig der Farbentwicklung aussetzte. Ein großer Kupplerüberschuß ist erforderlich, damit sich der Mehrverbrauch des schnelleren Kupplers nicht als Konzentrationsverschiebung zwischen den beiden Kupplern bemerkbar macht. Unter dieser Bedingung verhalten sich die gebildeten Farbstoffmengen wie die Reaktionsgeschwindigkeiten, gleiche molare Dichte der Kuppler vorausgesetzt.

Brand verwendet als Vergleichsreaktion anstelle des zweiten Kupplers die Desaminierung des Entwickleroxydationsproduktes (S. 144), die einen um so höheren Anteil hat, je länger es dauert bis das Entwickleroxydationsprodukt durch Kupplung abgefangen wird, das heißt, um so geringer die Reaktionsgeschwindigkeit des Kupplers ist. Die Farbstoffausbeute ist in diesem Fall ein direktes Maß für den Desaminierungsanteil an der Reaktion und daraus läßt sich die Reaktionsgeschwindigkeit des Kupplers berechnen.

In der Praxis kann für die Geschwindigkeitsbestimmung durch Konkurrenzkupplung die gleiche Vorschrift verwendet werden wie für die Bestimmung der molaren Dichte. Die Kupplermenge wird durch die Zugabe eines zweiten Kupplers verdoppelt und die Entwicklermenge auf $1/6 = 2{,}5 \times 10^{-6}$ Mol pro Ansatz reduziert. Der Bezugskuppler verhält sich zum Prüfling im Molverhältnis 1:1 und das Absorptionsmaximum der beiden entstehenden Farbstoffe muß so weit auseinanderliegen, daß die Farbdichten beider Farbstoffe sicher zu messen sind (Blaugrün:Purpur, Blaugrün:Gelb oder Purpur:Gelb). Einige so bestimmte Reaktionsgeschwindigkeiten, die sich bis zum Faktor 1:10 unterscheiden, sind in Tabelle 5 angeführt, wobei die Geschwindigkeit des Blaugrünkupplers der Tafel 7 als Bezugskuppler auf den Wert 1,0 festgelegt worden ist.

Abschließend sei noch auf ein interessantes Anwendungsgebiet für die Kuppler auf dem S/W-Sektor hingewiesen. Sofern keine hohe Lichtechtheit der entwickelten Bilder, wie zum Beispiel beim Röntgenfilm, erforderlich ist, läßt sich die Maximaldichte solcher S/W-Materialien wesentlich erhöhen, beziehungsweise Silber einsparen, wenn man der Emulsion Kuppler zusetzt und chromogen aber ohne Bleichung entwickelt. Es entsteht zusätzlich zum Silberbild ein Farbstoffbild, das auch Grau ist, wenn Blaugrün-, Purpur- und Gelbkuppler im Verhältnis ihrer molaren Dichten und Reaktionsgeschwindigkeiten gemischt sind. Es ist aber auch möglich, zum Beispiel zur Kontraststeigerung bei Röntgenfilm auf diesem Wege blaugefärbte Bilder zu erhalten.

9. Maskenkuppler [79]

Bei idealen Kupplern dürfte die Absorption ihrer Farbstoffe nur in einem Spektraldrittel liegen und müßte dieses Drittel vollständig ausfüllen. In der Praxis gibt es solche Kuppler nicht. Alle Kuppler haben mehr oder weniger flache Absorptionsflanken, die in das benachbarte Spektrumsdrittel hineinragen, oder sie haben sogar ein ausgesprochenes Nebenmaximum, das z. B. bei einer Reihe von Purpurkupplern im blauen Spektraldrittel liegt (S. 89).

Bei Direktpositiv- und Umkehrfarbverfahren stört diese Tatsache kaum, weil die Nebenabsorptionen verhältnismäßig gering sind und bei der farblichen Abstimmung des Aufnahmematerials einkalkuliert werden.

Anders liegen die Verhältnisse bei den Kopierverfahren. Hier wird die Wirkung der Nebenabsorptionen durch den Kopiervorgang verstärkt und tritt deutlich in Form von Verweißlichungen gesättigter Farben sowie von Verschiebungen im Farbton in Erscheinung.

Photographiert man zum Beispiel auf einem Farbnegativfilm eine gesättigte, grüne Farbe, so wird praktisch nur der Mittelguß belichtet. Der bei der Entwicklung entstehende Purpurfarbstoff absorbiert aber durch sein Nebenmaximum auch im blauen Spektraldrittel. Wenn man jetzt das purpurne Negativ mit weißem Licht kopiert, dann dürfte theoretisch nur das grüne Licht in der Negativschicht absorbiert werden, während Blau und Rot durchgehen und Unter- und Oberguß des Positivmaterials zu gleichen Teilen belichten. Tatsächlich wird aber ein gewisser Anteil des blauen Lichtes durch den Purpurfarbstoff zurückgehalten, so daß der Oberguß des Positivmaterials weniger als der Unterguß belichtet wird. Entsprechend entsteht bei der Entwicklung nicht das gesättigte Grün der Aufnahme, sondern ein nach Blau verschobenes, weil weniger Gelb als Blaugrün entwickelt wird. In gleicher Weise wirken sich auch die anderen Überlappungen der Bildfarbstoffabsorptionen aus.

Weitgehend beseitigen läßt sich diese Fehlererscheinung durch die Anwendung von Farbmasken. Um bei unserem Beispiel zu bleiben, müßte man die Rotdurchlässigkeit an jeder Stelle des Negativs um den gleichen Betrag verringern, um den die Blaudurchlässigkeit durch die Nebenabsorption des Purpurfarbstoffes gehemmt wird. Das gelingt mit Hilfe eines Blaufilters entsprechender Dichte beim Kopieren. Man kann aber auch umgekehrt bei der Aufnahme einen Gelbfarbstoff in der Emulsionsschicht verwenden — und das ist der technisch gangbare Weg — den man bei der Kopie proportional der Dichteerhöhung des Purpurfarbstoffes abschwächt, da ja Verringerung der Gelbfarbstoffdichte gleichbedeutend einer Blaufilterzugabe ist. Auf beiden Wegen erhält man bei der Kopie das Originalgrün der Aufnahme zurück.

Die gleiche Überlegung läßt sich für reines Rot anstellen, das in der Blaugrünschicht (Unterguß) registriert wird. Man findet, daß auf Grund der Nebenabsorption der Blaugrünfarbstoffe im grünen und blauen Spektralbereich bei der Aufnahme ein Rotfilter verwendet werden muß, das bei der Kopie auch wieder in dem Maße abgeschwächt werden muß, wie die Blaugrünfarbdichte zunimmt, um zur richtigen Rotwiedergabe zu gelangen.

Ein solches Farbstoff-„Filter", mit dem man beim Kopieren einen Absorptionsfehler des Negativs korrigieren und damit den originalgetreuen Farbton wieder herstellen kann, nennt man eine Farbmaske; in unserem speziellen Falle handelt es sich um eine Gelbmaske, welche die Grünwiedergabe und um eine Rotmaske, welche die Blauwiedergabe berichtigt.

Was hier für den einfachsten Fall, — eine einheitlich gefärbte Fläche — abgeleitet worden ist, gilt in gleicher Weise für jedes farbige Negativ. Das Gelbfilter verwandelt sich bei der gedanklichen Übertragung in ein positives Gelbbild mit sehr flacher Gradation und das Rotfilter in ein entsprechendes Rotbild. Für die gelbkuppelnde Schicht ist infolge ihres geringen Anteils an Nebenfarbdichte im roten und grünen Spektralbereich keine Maskierung erforderlich.

Damit sind die Voraussetzungen für die Maskenverfahren gegeben, die nicht nur für Negativaufnahme-Materialien, sondern vor allem auch in der Reproduktionstechnik große Bedeutung erlangt haben.

Das Problem des sicheren Zusammenhanges zwischen dem Rückgang der Maskendichte und der Zunahme der Bildfarbstoffdichte hat, so schwierig es im ersten Moment zu sein scheint, eine große Anzahl, zum Teil höchst geistreiche Lösungen gefunden, von denen nur wenige hier erwähnt werden können.

Das heute in der Praxis angewandte Verfahren ist das der „automatischen Masken" [80]. Von Purpur- und Blaugrünkupplern werden durch Umsetzung mit einem Diazoniumsalz gelbe bzw. rote Farbstoffe hergestellt. Hier das Beispiel (s. S. 109) eines aus einem Purpurkuppler erhaltenen gelben Azofarbstoffes.

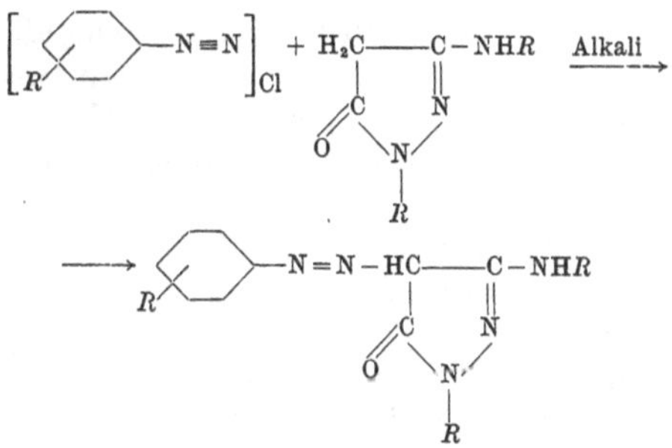

Das gleiche Reaktionsschema gilt auch für die Blaugrünkuppler. Solche farbigen Maskenkuppler zeigen bei der Farbentwicklung sehr ähnliches Reaktionsverhalten und, bis auf eine meist etwas geringere Haltbarkeit, ähnliche Eigenschaften wie nichtgefärbte Kuppler. Durch die Anlagerung des Entwickleroxydationsproduktes wird die Azogruppe abgespalten, und demzufolge gleichzeitig mit der Entstehung eines Bildfarbstoffmoleküls ein Maskenfarbstoffmolekül zerstört. Die Maskenkuppler werden in den Emulsionsschichten mit farblosen Kupplern gemischt, damit keine Übermaskierung entsteht, die den entgegengesetzten Fehler wie die fehlende Maskierung verursachen würde.

Anstelle der Maskenkuppler kann man der Emulsionsschicht auch die normalen farblosen Kuppler und aromatische Amine zusetzen. Nach der Farbentwicklung wird das Filmmaterial in verdünnter Salpetrigsäurelösung gebadet. Aus dem Amin bildet sich Diazoniumsalz, das mit dem nicht umgesetzten Kuppler zu gelben bzw. roten Azofarbstoffen reagiert. Mit der Dosierung des Amins läßt sich die Dichte der zu bildenden Maske festlegen. Verwendet man statt des Amins bevorzugt mit einem heterocyclischen Ring substituierte Hydrazine, so gelangt man auch zu Azofarbstoffmasken. Das zusätzliche Nitrit-Bad erübrigt sich, weil die Hydrazine durch Oxydation im Bleichbad kupplungsfähig werden.

Aldehyde, besonders aromatische wie p-Dimethylaminobenzaldehyd reagieren mit Pyrazolonen unter

Bildung von Gelbfarbstoffen. Durch Behandlung des entwickelten Filmmaterials in einer entsprechenden Aldehydlösung kann man in der Purpurschicht mit Hilfe des nicht zu Bildfarbstoff umgesetzten Kupplers ebenfalls eine Gelbmaske erzeugen.

Eine Rotmaske entsteht durch Zugabe von 4-Aminopyrazolon-3 zur blaugrünkuppelnden Schicht. Im Bleichbad nach der Farbentwicklung wird das Aminopyrazolon oxydiert und reagiert mit Blaugrünkupplern üblicher Zusammensetzung unter Bildung eines roten Farbstoffes.

Es ist verhältnismäßig schwierig, bei der automatischen Maskierung Dichte und Gradation der Maske genau den Eigenschaften der Nebenfarbdichte anzupassen. Deshalb wird in vielen Verfahren eine gesonderte Maskenschicht als Zwischenguß im Farbfilm vorgeschlagen, deren Eigenschaften man sehr genau dem Wert der Nebenfarbdichte angleichen kann.

Für die gesonderte Maskenschicht gibt es ebenfalls eine große Anzahl von Ausführungsformen, von denen nur einige Beispiele angeführt seien.

Man kann eine flachgraduierte Emulsion mit gefärbtem Maskenkuppler (entsprechend dem Prinzip der automatischen Masken) verwenden, oder (nach BÖCKLY et al.) sie mit farblosen Maskenkupplern [81], die den Vorteil haben, bei der Exponierung des Filmes kein Licht zu absorbieren, kombinieren. Die letzteren Verbindungen bleiben bei der Reaktion mit Farbentwickler fast farblos und bilden erst durch Oxydation im Bleichbad, soweit sie nicht mit dem Farbentwickler reagiert haben, gelbe bis rote Farbstoffe:

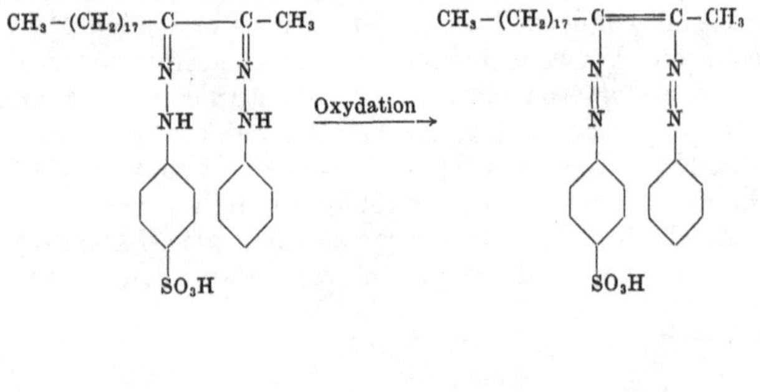

Ebenfalls farblose Kupplungsprodukte mit Farbentwickler werden erhalten, wenn die Azomaskenkuppler an der aktiven Methylengruppe mit einem Alkylrest einfach substituiert sind. Weitere Möglichkeiten der Maskenbildung ergeben sich aus dem Einsatz direktpositiver oder solcher Emulsionen, die man durch eine Nachbehandlung umkehren kann.

10. Oberflächenaktive Stoffe (Netzmittel, Tenside) [82, 83]

Die wäßrigen Emulsions- bzw. Gelatinelösungen, die auf die Filmunterlage aufgetragen werden (Beguß), haben einen Feststoffgehalt von nur 2 bis 10%. Die Unterlage ist außerordentlich verschieden; entweder handelt es sich um präparierte Acetylcellulose oder um barytiertes Papier oder um eine bereits vorhandene Emulsionsschicht, die wiederum trocken oder naß, d. h. unmittelbar zuvor aufgetragen und nur erstarrt, sein kann. Diese Unterschiede bringen es mit sich, daß Benetzungsfragen eine wichtige Rolle bei der Filmherstellung spielen, zumal sich die Benetzungsschwierigkeiten bei dem aus ökonomischen Gründen erstrebenswerten Ziel des schnelleren Begusses in zunehmendem Maße erhöhen.

Die auftretenden Benetzungsfehler sind im wesentlichen folgender Art:

1. Die aufgegossene Schicht haftet stellenweise nicht auf der Unterlage, sie läuft dort ab, wie Wasser von einer gefetteten Glasscheibe. Je geringer der Fehler wird, um so kleiner werden die nichtbenetzten Stellen, bis schließlich nur noch Blasen auf dem Beguß das Vorhandensein dieses Fehlers erkennen lassen. Der Fehler tritt im verstärkten Maße beim Zwei- und Mehrschichtbeguß, also bei dem Beguß auf eine nasse Emulsionsschicht in Erscheinung.
2. Verursacht durch Schmutz oder Fettpartikel auf der Unterlage oder in der Emulsion entstehen die sogenannten Kometen. Das

sind kleine runde emulsionsfreie Stellen, die meist noch zu einem ebenfalls emulsionsfreien Schweif ausgezogen sind.

3. Der Beguß ist streifig, vielfach ein Zeichen für Überdosierung von Netzmitteln.

Zur Vermeidung dieser Fehlererscheinungen werden den Emulsionen gleichzeitig mit den Kupplern Netzmittel (coating aids) zugesetzt, die die Oberflächenspannung vermindern. Die Netzmittel müssen, je nachdem es sich um den Beguß von Emulsion auf den Schichtträger,

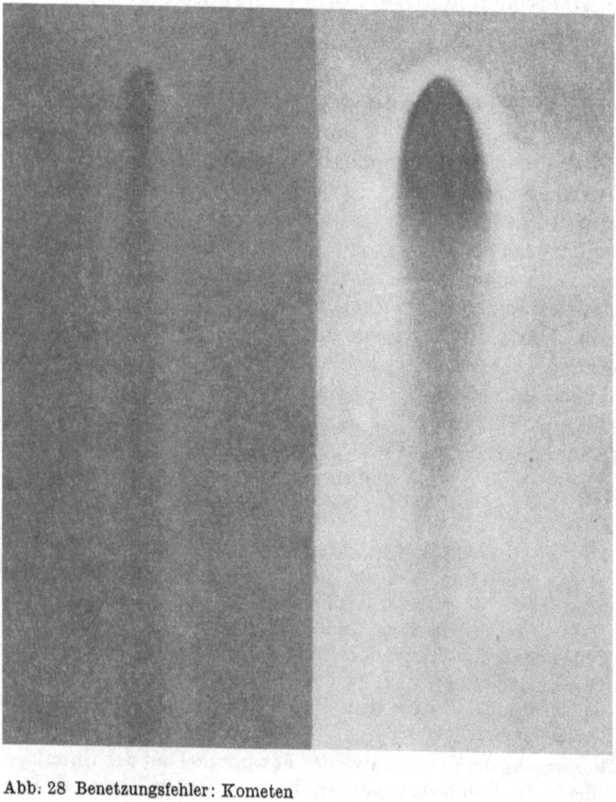

Abb. 28 Benetzungsfehler: Kometen

Abb. 29 Benetzungsfehler: Streifigkeit

auf feuchte oder trockene Emulsion bzw. Gelatine handelt, verschieden sein und in verschiedener Menge angewandt werden. Die Menge hängt dazu noch von der Emulsionsart und den sonstigen Zusätzen sowie von der Auftragsgeschwindigkeit ab. Sie schwankt zwischen 0,2 und 5% des Feststoffgehaltes der Emulsion. Wie bei den Kupplern wird ihre Auswahl für die Filmfabrikation durch die Bedingung erschwert, daß sie photographisch inaktiv sein müssen. Dazu gehört nicht nur die Beeinflussung der Emulsionseigenschaften, sondern auch die verschiedentlich beobachtete Verzögerung der Entwicklung und die Erschwerung des Bleichvorganges — der oxydativen Entfernung des entwickelten Silbers bei der Farbfilmentwicklung — durch Netzmittel. Außerdem dürfen sie das Haften der getrockneten Emulsionsschichten aufeinander nicht verschlechtern.

Das älteste und bekannteste Netzmittel in der Photoindustrie ist ein Naturprodukt aus Quillajarinde, Roßkastanie oder Seifenkraut, das Saponin. Es hat sich trotz seiner schwankenden Qualität auf Grund guter Benetzungseigenschaften und photographischer Indifferenz lange in der Photoindustrie gehalten.

Heute haben sich allgemein synthetische Netzmittel durchgesetzt. Ihr grundsätzlicher Bau entspricht dem einer Seife, d. h. sie enthalten hydrophile Gruppen (z. B. Sulfoxyl- oder Carboxylgruppen) und einen langkettigen hydrophoben Rest und lassen sich nach ihrem chemischen Bau in verschiedene Klassen einteilen.

Nichtionische Netzmittel enthalten Ester-, Aether-, Amid- oder Aethylenglykolgruppierungen als hydrophilen Rest und eine Alkylkette von 8 bis 18 C-Atomen als hydrophoben Anteil. Beispiele sind Ester oder Aether mehrwertiger Alkohole, wie Glyzerin, Pentaerythrit, Sorbitol mit zwei langkettigen Resten (C_{12} bis C_{18}) oder eine der häufig eingesetzten Polyaethylenverbindungen.

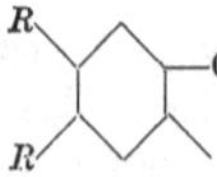

$-O(CH_2-CH_2-O)m-CH_2-CH_2OH$ $\quad R = \text{Alkyl } C_{12}-C_{18}$, $m = 4-8$

Alkylenphenolpolyglykolaether

Aus der Gruppe der anionaktiven Verbindungen stammen die meisten und besten Netzmittel für die Verwendung bei der Filmherstellung:

$$ROOC-CH_2-CH_2-SO_3H$$

z. B. Laurylpropionyl-β-sulfonsäure

$$\begin{array}{l} CHCOOH \\ \| \\ CHCOOH \end{array} \xrightarrow[\text{Toluolsulfonsäure}]{\text{Alkohol}} \begin{array}{l} CHCOOR \\ \| \\ CHCOOR \end{array} \xrightarrow{NaHSO_3} \begin{array}{l} HO_3S-CH-COOR \\ \qquad\quad | \\ \qquad\quad CH_2-COOR \end{array}$$

z. B. Di-(n-hexyl)-sulfobernsteinsäureester

$$\begin{array}{l} \qquad\qquad\qquad\qquad\qquad\qquad\qquad\quad MeOOC-CH_2 \\ \qquad\qquad\qquad\qquad\qquad\qquad\qquad\qquad\qquad\quad | \\ R-CH-COO(CH_2-CHOH-CH_2O)_4OC-CH-R \\ \quad\;\; | \\ \quad\;\; CH_2-COO(CH_2-CHOH-CH_2O)_4OC-CH-R \\ \qquad\qquad\qquad\qquad\qquad\qquad\qquad\qquad\qquad\quad | \\ \qquad\qquad\qquad\qquad\qquad\qquad\qquad\quad MeOOC-CH_2 \end{array}$$

Alkylenbernsteinsäureoctaglyzeridester

$$R-NH-CH_2-CH_2-COOMe \qquad R=C_8-C_{20}$$

N-Alkyl-β-aminopropionat

Während die ersten drei Netzmittel vor allem gute Antikomentenwirkung besitzen, eignet sich das letzte zur Erreichung hoher Begießgeschwindigkeiten.

Amphotere Tenside des folgenden Typs

$$R-OCH_2-CHOH-CH_2-\overset{+}{N}\begin{cases}(CH_2-CH_2O)_{1-15}H\\(CH_2-CH_2O)_{1-15}H\\(CH_2-COO^-)\end{cases}$$

werden von NISHIO und YONEYAMA [84] beschrieben.

Kationaktive Netzmittel, zu denen in erster Linie Derivate der Pyridinbasen gehören und die an sich gute Netzmitteleigenschaften aufweisen, werden kaum in der Photoindustrie eingesetzt. Sie sind vielfach photographisch aktiv.

Die Netzmittel haben die Aufgabe, die geschilderten Benetzungsschwierigkeiten zu beseitigen, und zwar auch unter den komplizierteren Bedingungen des Mehrschichtenbegusses. Im letzteren Fall unterscheidet man eine Benetzungswirkung „nach unten" und „nach oben". Die geforderten Eigenschaften, Antikometenwirkung, Benetzung nach unten und nach oben in einer Substanz zu vereinigen, ist schwierig. Die Netzmittel besitzen gewöhnlich nur eine oder zwei der gewünschten Wirkungen. Man wendet daher in der Praxis häufig Netzmittelgemische an, deren Eigenschaften sich etwa additiv aus den Eigenschaften der darin enthaltenen Netzmittel zusammensetzen.

Für die Prüfung der Netzmittel genügt die Bestimmung der Oberflächenaktivität als des bekanntesten Kennwertes nicht. Sie wird lediglich zur Feststellung der Netzmittelreinheit gemessen. Die kinetische Benetzung (die Benetzung einer laufenden Filmbahn) und die Antikometenwirkung müssen durch Begießversuche ermittelt werden.

Die Benetzung nach unten (TGL 143-510, Juli 1971) wird mittels einer Gelatine- bzw. Emulsionslösung geprüft, die steigende Mengen an Netzmittel enthält und mit konstanter Begießgeschwindigkeit auf eine präparierte Unterlage aufgetragen wird. Auf diese Weise findet man die Netzmittelmenge, bei der optimale Begußqualität erreicht wird. Entsprechend stellt man die Benetzungswirkung nach oben (TGL 143-510, Okt. 1969) durch Beguß einer netzmittelfreien Gelatineschicht auf eine erstarrte (nicht getrocknete), das zu prüfende Netzmittel enthaltende Schicht fest.

Zur Bestimmung der Antikometenwirkung wird das Netzmittel in variierter Menge einer stark „Kometen"- (d. h. fett-) haltigen Gelatinelösung zugesetzt, die zur besseren Erkennbarkeit des Fehlers angefärbt ist.

Als Vorprüfung zur Bestimmung der Benetzungswirkung nach unten und nach oben eignet sich die sehr einfache Tropfenmethode. Anstelle des Begusses wird ein Wassertropfen mit Netzmittel auf eine planliegende Gelatineschicht getropft. Je weiter der Tropfen auseinanderfließt, um so besser ist die Benetzungswirkung nach unten. Soll die Benetzungswirkung nach oben geprüft werden, so kommt das Netzmittel in die Gelatineschicht.

11. Härtungsmittel [86, 87]

Die Gelatine der Filmschichten hat ein hohes Quellungsvermögen in Wasser. In gequollenem Zustand ist sie äußerst empfindlich gegen mechanische Einflüsse und gegen Wärme. Aus diesem Grund werden Emulsionsschichten gehärtet. Am längsten sind Chromalaun und Formalin als Härtungsmittel bekannt. Sie sind typische Vertreter der beiden heute bekannten großen Gruppen von Härtungsmitteln, den anorganischen Salzen und den organischen Verbindungen, die bifunktionell zu reagieren vermögen, in erster Linie Aldehyde und Ketone.

Die Anwendung anorganischer Verbindungen als Härtungsmittel bei der Emulsionshärtung geht zurück, weil ihr Härteeffekt nicht so hoch ist wie der der organischen Verbindungen. Als Nachhärtung bei der Entwicklung sind sie dagegen noch allgemein gebräuchlich. In Betracht kommen fast ausschließlich Chrom- und Aluminiumalaune bzw. andere Salze dieser Metalle. Ihre Wirkungsweise entspricht der der Chromverbindungen bei der Ledergerbung. Sie vernetzen die Gelatine durch Betätigung von Nebenvalenzen (Komplexbildung).

Zu den organischen Härtungsmitteln gehören:

1. Aliphatische Aldehyde (Formaldehyd, Acrolein, Glutardialdehyd, Glyoxal). Die Wirkung dieser Aldehyde wird durch Zusatz aromatischer Verbindungen mit mindestens einer OH-Gruppe (Phenol, Resorzin) erhöht.
2. Diketone (Diacetyl).
3. Polyanhydride, Bis- und Polyepoxyde und Verbindungen mit mindestens zwei reaktiven Gruppen [88].

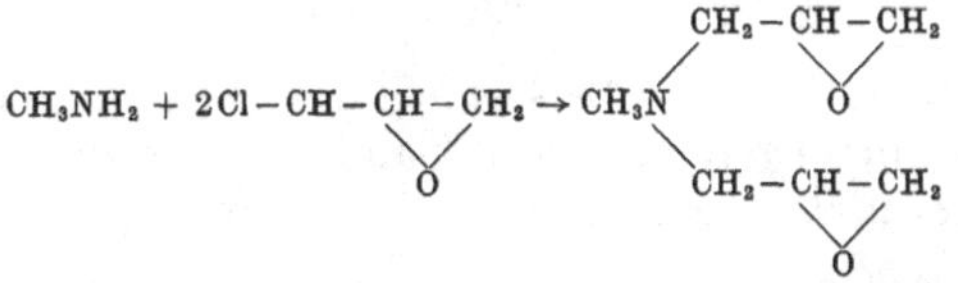

Methylamin Epichlorhydrin Bisepoxypropylmethylamin

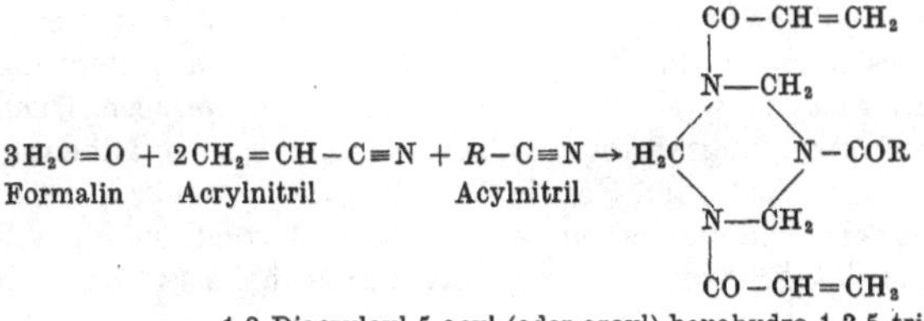

1,3-Diacryloyl-5-acyl (oder aroyl)-hexahydro-1,3,5-triazin

4. Ungesättigte Verbindungen und reaktives Halogen

$-N=C=O$	Isocyanate
$-O=C\equiv N$	Cyansäureester
$-C=N=C$	Carbodiimide
$-(\overset{\mid}{C}-\overset{\mid}{C})-$	
$Cl-(\underset{\mid}{C}=\underset{\mid}{C})-Cl$	z. B. Cyanurchlorid

5. Hochmolekulare Polysaccharide (Stärke, Alginsäure, Pektine), deren sekundäre Alkoholgruppen teilweise zu Carbonylgruppen oxydiert sind.

Die Härtungsmittel müssen in Wasser lösliche, beständige und schnell reagierende Verbindungen sein. Sie dürfen keine toxischen oder viskositätserhöhenden Eigenschaften haben und die photographischen Parameter nicht beeinflussen.

Der Chemismus der Härtung mit organischen Substanzen ist ähnlich dem der anorganischen Verbindungen. Durch Brückenbildung werden Querverbindungen zwischen den einzelnen Gelatinemolekülen geschaffen, die das Schichtgefüge in hohem Maße stabilisieren. Demzufolge ist die brückenbildende Substanz mindestens bi-, in vielen Fällen polyfunktionell. Die Bindung ist nicht nebenvalent wie bei den anorganischen Salzen, sondern homöopolar und greift vor allem an den Aminogruppen der Gelatine an.

In erster Linie verbessert die Härtung die Entwicklungsbedingungen und wird daher um so wichtiger, je schneller und automatisierter dieser Vorgang abläuft.

1. Die Quellung geht bis zu 50% zurück. Bei mäßiger Härtung (Schmelzpunkt der Schicht in Wasser nicht über 100 °C) leidet die Entwicklungsgeschwindigkeit weniger, als man vermuten würde. Auch die Menge des in der Schicht festgehaltenen Entwicklers wird nach Sende trotz der geringen Quellung gegenüber ungehärteten Schichten fast nicht vermindert. Die Gelatine ist, vom Entwicklermolekül her gesehen, auch bei starker Vernetzung ein außerordentlich weitmaschiges Sieb, das das Eindringen echt gelöster Moleküle bzw. Ionen nicht hindert.
2. Die geringe Quellung hat vor allem eine hohe mechanische Festigkeit der nassen Emulsion und kurze Trockenzeiten für die Filmschicht zur Folge.
3. Durch die Vernetzung der Gelatine wird der Schmelzpunkt der Schicht von 30° auf etwa 100° erhöht. Weitere Steigerung der Härtung durch Erhöhung der Härtungsmittelmenge ist für die Hochglanztrocknung von Photopapieren erforderlich. Die Temperaturbeständigkeit erlaubt die Verarbeitung von

Filmmaterialien unter tropischen Bedingungen und durch Erhöhung der Bädertemperaturen bis auf 60 °C erhebliche Entwicklungszeitverkürzungen.

4. Die Härtung erhöht die Beständigkeit der Bildfarbstoffe, weil durch den geringeren Wassergehalt der Schichten die Hydrolysegefahr verringert wird.

Trotzdem die Härtung erst während der Entwicklung voll wirksam wird, erfolgt sie meist schon beim Beguß des Films.

1. Sie erhöht die Haltbarkeit der Emulsion, weil durch den geringeren Wassergehalt die zum Schleieranstieg führenden Diffusionsvorgänge in der Schicht verlangsamt werden.
2. Sie vermindert durch die Vernetzung und durch die antiseptischen Eigenschaften des Härtungsmittels, solange es nicht durch Reaktion mit der Gelatine vollständig verbraucht ist, die Anfälligkeit der Emulsionsschicht für bakterielle Zersetzung.
3. Durch die Härtung wird in vielen Fällen das Haften der Schichten aufeinander bzw. auf der Unterlage verbessert. Verschiedentlich werden Härtungsmittel aus diesem Grunde in Präparationsschichten eingesetzt.

Die Hauptschwierigkeit der Härtung mit organischen Substanzen ist die geringe Geschwindigkeit ihres Reaktionsablaufes. Zum Teil erreichen Filmgüsse erst nach 6 bis 8 Wochen Lagerung den gewünschten Härtungseffekt. Eine starke Erhöhung der Härtungsmittelmenge zur entsprechenden Beschleunigung des Vorganges ist zwar möglich, führt aber im Verlauf der Lagerung zu Überhärtungserscheinungen, die mit erheblichen Veränderungen photographischer Eigenschaften (z. B. Empfindlichkeits- und Gradationsrückgang, Schleieranstieg) verknüpft sind. Aus diesem Grunde zielt die Weiterentwicklung in Richtung schnellhärtender Substanzen.

Die schnellhärtenden Substanzen bereiten beim Beguß Schwierigkeiten durch die sofort einsetzende Härtung, die sich als laufende Viskositätserhöhung der Gießlösung bemerkbar macht (das Härtungsmittel ist gewöhnlich der letzte Zusatz vor dem Beguß). Dies läßt sich weitgehend durch die sogenannte Diffusionshärtung umgehen, für die es verschiedene Möglichkeiten gibt. Entweder läuft die Filmbahn unmittelbar nach dem Beguß mit ungehärteter Emulsion durch ein Härtebad, oder man wählt ein Härtungsmittel aus zwei Komponenten. Jede der beiden Komponenten wird in eine von zwei übereinanderliegenden Schichten gebracht. Die Härtung beginnt in diesem Fall erst nach dem Auftragen der zweiten Schicht auf Grund der Verbindung beider Substanzen durch Diffusion. Schließlich kann man beim Tauchbeguß auf den fertigen Film einen Gelatineüberzug mit hoher Härtungsmittelmenge auftragen, da bei sehr verdünnten Gelatinelösungen (Gelatinekonzentration unter 3%) auch bei sehr guten Härtungsmitteln keine Vernetzung, also auch kein Viskositätsanstieg, während des Begusses eintritt.

In Farbfilmen ist es nicht möglich, Härtungsmittel mit freien Carbonylgruppen infolge ihrer Reaktionsfähigkeit mit den aktiven Methylengruppen der Kuppler einzusetzen. In diesem Fall sind organische Härtungsmittel nur aus der 3. und 4. Gruppe verwendbar.

Die Eignungsprüfung der Härtungsmittel erfolgt in Gelatine- oder Emulsionsschichten.

1. Quellfähigkeit der Schicht: Bestimmung der Wasseraufnahme pro Fläche und pro Gramm Gelatine unter verschiedenen Bedingungen, Bestimmung der Schichtausdehnung und Bestimmung der Trockenzeit.
2. Thermisches Verhalten der Schicht: Bestimmung von Runzel-, Ablöse- und Schmelzpunkt der gequollenen Schicht (TGL 143-404, Bl. 1 und 2, Okt. 1965).
3. Mechanisches Verhalten der Schicht: Bestimmung der Naß-, Kratz- und Abriebfestigkeit.
4. Schnelligkeit der Härtung: Wiederholung der Prüfungen unter 1. und 2. nach verschiedenen Lagerzeiten unter natürlichen oder, zur Zeitersparnis, künstlich verschärften Bedingungen (S. 58).

12. Hilfsschichten und Filterfarbstoffe

12.1. Lichthofschutz

Die Emulsion ist ein getrübtes Medium, in dem das Licht gestreut wird. Die Streuung ist um so stärker, je höher die Gußdicke der Schicht und je größer ihre Trübung ist. Die Trübung steigt mit zunehmender Silberhalogenidmenge und durchläuft bei abnehmender Korngröße ein Maximum, das von der Wellenlänge des absorbierten Lichtes abhängt. Bei 500 nm liegt das Maximum etwa bei 0,5 μ mittlerer Korndurchmesser. Unter 0,2 μ Korndurchmesser fällt die Trübung stark ab, und Emulsionen mit 0,1 μ Korndurchmesser (LIPPMANN-Emulsionen) sind fast so klar wie Gelatinelösungen. Das gestreute Licht kann ebenso wie der direkte Lichtstrahl Silberhalogenidkörner belichten. Diese Erscheinung nennt man Diffusionslichthof (Abb. 30). Die Folge des Diffusionslichthofes ist die Verschlechterung der sogenannten Konturenschärfe (TGL 143-413, 1969).

Außer dem Diffusionslichthof gibt es den Reflexionslichthof (Abb. 30), der dadurch entsteht, daß das auf die photographische Schicht auffallende Licht nicht vollständig absorbiert wird. Es tritt durch die Unterlage wieder aus, oder wird, wenn der Streuwinkel groß genug ist, an der Rückseite der Unterlage total reflektiert, trifft wieder auf die Emulsionsschicht und belichtet weitere Silberhalogenidkörner, aber in wesentlich größerem Abstand von dem einfallenden Lichtstrahl als es beim Diffusionslichthof der Fall ist. Die Folge des Reflexionslichthofes ist eine Verminderung des Auflösungsvermögens, die in der Praxis als Überstrahlung bezeichnet wird.

Der Reflexionslichthof läßt sich durch Anbringung einer stark gefärbten Lichthofschutzschicht, die das die Emulsionsschicht durchdringende Licht absorbiert, mit großer Sicherheit vermeiden (Abb. 31). Die Qualität des Lichthofschutzes wird mit Hilfe der Lichthofkennzahl charakterisiert, deren Bestimmung nach TGL 7442, Juni 1967, erfolgt.

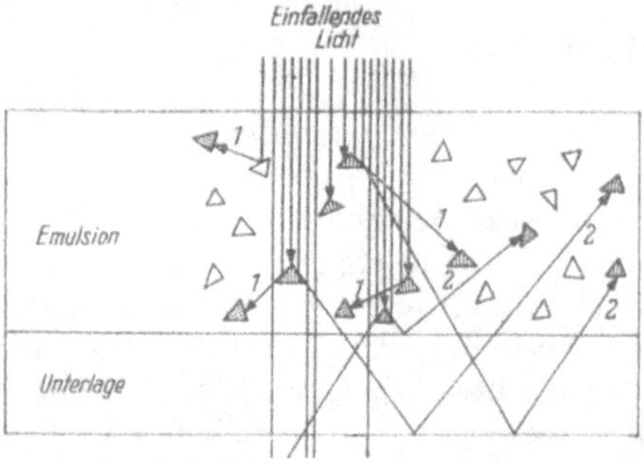

Abb. 30 Schematische Darstellung der Lichthoferscheinungen
1 Diffusionslichthof; *2* – Reflexionslichthof.
Die Pfeilspitze bedeutet die Absorption des Lichtes am Silberhalogenidkristall

Die Lichthofschutzschicht wird auf der Rückseite der Filmunterlage als Farblack oder gefärbte Gelatineschicht angebracht. Noch günstiger wirkt sie zwischen Unterguß und Unterlage. Je stärker ihre Anfärbung ist, um so besser ist der Lichthofschutz. Die verwendeten Farbstoffe müssen im Verlauf der Entwicklung beseitigt werden.

Für bestimmte Zwecke, z. B. Farbkopiermaterialien, genügt eine grüne Lichthofschutzschicht, die das im Unterguß wirksame, rote Licht absorbiert. Farbstoffe für diesen Zweck stammen häufig aus der Triphenylmethanreihe [89] (Tafel 9, s. S. 124).

Bei Aufnahmematerialien verwendet man vorteilhaft kolloidales oder entwickeltes Silber in einer Schicht zwischen Unterguß und Unterlage. Die erwünschte, möglichst langwellige Absorption des Silberkolloids erreicht man durch Reduktion von Silbernitrat in Gelatinelösung mittels Hydrochinon in Gegenwart bestimmter

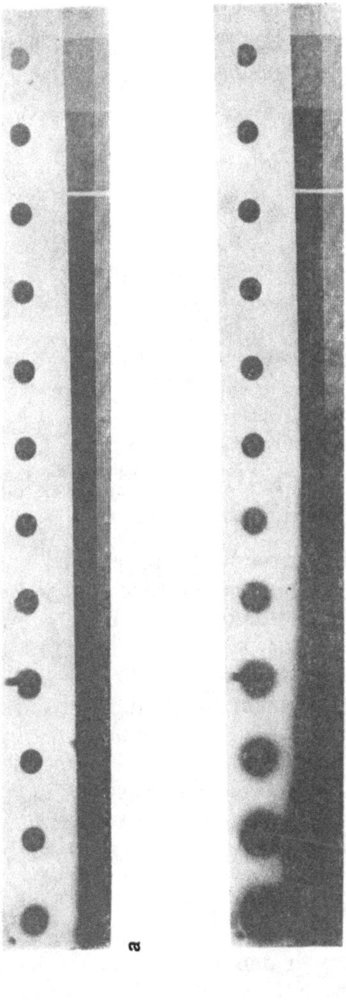

a b

Abb. 31 Reflexionslichthof *a*: ohne Lichthofschutzschicht; *b*: mit Lichthofschutzschicht (VEB Filmfabrik Wolfen, K. Kunze)

Metallsalze, z. B. Magnesiumsulfat. Das Silberkolloid sieht in der Durchsicht blau aus. Ideale Absorptionsbedingungen, das heißt gleichmäßige Lichtabsorption über den ganzen Spektralbereich des sichtbaren Lichtes,

Tafel 9

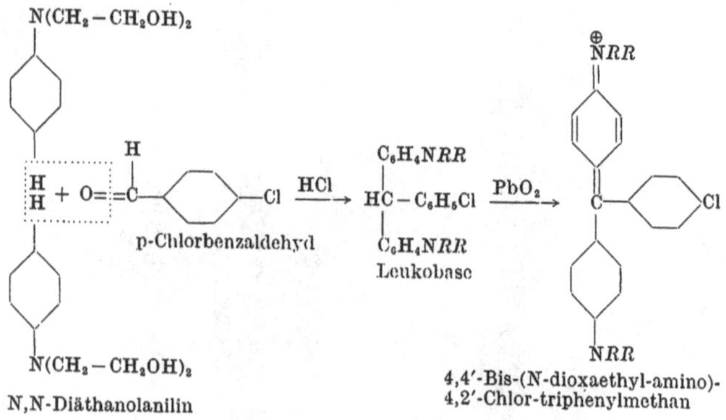

erzielt man durch Verwendung von entwickeltem Silber, das amorph und demzufolge schwarz ist. Die Beseitigung der Silberschichten erfolgt in den Bleich- und Fixierbädern der Farbfilmentwicklung.

Einen gleichfalls sehr guten Reflexionslichthofschutz ergibt Ruß, der in einem quellfähigen Kunststoff eingebettet ist. Allerdings läßt sich eine Rußschicht nicht entfärben, sie muß deshalb auf der Rückseite der Filmunterlage angebracht, vor der Entwicklung gequollen und mechanisch mit Gummiwischern beseitigt werden.

Der Diffuionslichthof ist nicht restlos zu beseitigen; man kann ihn nur durch Herabsetzung der Gußdicke oder durch Anfärbung der Schicht verringern. Die Anfärbung setzt man vor allem bei Farbfilmen ein, weil hier die Gußdicken durch den Kupplergehalt der Emulsion höher liegen als bei Schwarz-Weiß-Filmen (Abb. 32).

Aus diesem Grunde ist z. B. das Kodachromverfahren bezüglich seiner Konturenschärfe den Verfahren mit

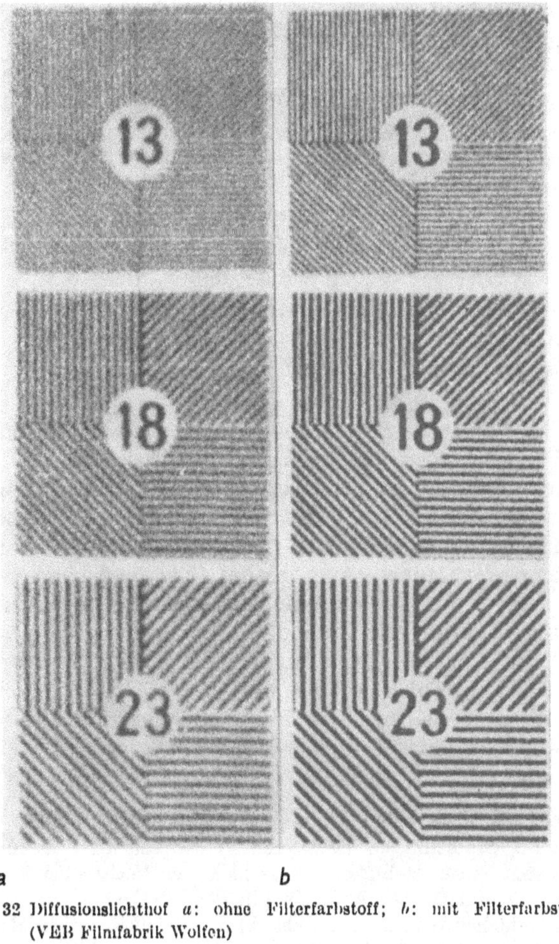

a b

Abb. 32 Diffusionslichthof *a*: ohne Filterfarbstoff; *b*: mit Filterfarbstoff (VEB Filmfabrik Wolfen)

diffusionsfesten Kupplern überlegen, weil die drei Emulsionsschichten ohne Kuppler mit wesentlich niedrigeren Gußdicken hergestellt werden können und trotzdem bei der Entwicklung ein hohes Kupplerangebot für die schnelle und quantitative Farbstoffbildung zur Verfügung haben.

Die Farbstoffe zur Anfärbung der Emulsionsschichten müssen photographisch inaktiv und auswaschbar sein. Ihr Absorptionsmaximum muß möglichst gut mit der Lage der Sensibilisierung der jeweiligen Schicht übereinstimmen, da in jeder Schicht nur der Anteil des gestreuten Lichtes stören kann, der absorbiert wird. Chemisch gesehen, können Farbstoffe aus allen bekannten Farbstoffklassen verwendet werden.

12.2. Gelbfilterschichten und Farbstoffe

Bei Farbaufnahmematerialien setzt man hochempfindliche Bromsilberemulsionen ein, die für die Verwendung in der rot- und grünempfindlichen Schicht sensibilisiert werden. Sie behalten dabei fast ihre volle Blauempfindlichkeit und würden bei der Exponierung des Films neben rotem bzw. grünem auch blaues Licht registrieren und erhebliche Farbverfälschungen verursachen, wenn nicht durch Gelbfilterschichten dafür Sorge getragen würde, daß das blaue Licht in ausreichendem Maße abgeschwächt wird. Demzufolge ist die Dichte der Gelbfilterschicht von dem Verhältnis Eigen- zu Sensibilisierungsempfindlichkeit in der rot- und grünempfindlichen Schicht abhängig.

Zum Beispiel haben Farbumkehrfilme eine Gradation von $\gamma = 1{,}6$, das heißt, sie registrieren von den Lichtern bis zu den Schatten einen Helligkeitsunterschied von sechs Blenden im Bild. Wenn demnach die Blauempfindlichkeit der rot- bzw. grünempfindlichen Schicht um sechs Blenden niedriger liegt als die Farbempfindlichkeit, dann wird von diesen Schichten im bildwirksamen Bereich praktisch kein blaues Licht mehr registriert. Eine Gelbfilterdichte von $D = 0{,}3$ reduziert den Blauanteil des Lichtes um eine Blende. Wenn Eigen- und Farbempfindlichkeit gleich wären, würde man eine Gelbfilterdichte von $D = 1{,}8$ benötigen. Tatsächlich braucht man auf Grund der ausgezeichneten Eigenschaften moderner Sensibilisatoren nur Dichten von $D = 0{,}4$ bis 0,8. Je mehr es gelingt, die Sensibilisierungsempfindlichkeit bei Anwendung der gleichen Emulsion zu steigern, um so mehr kann die Dichte der Gelbfilterschicht zugunsten der Empfindlichkeit des Materials verringert werden.

Als Gelbfilterfarbstoff wird auch heute noch kolloidales Silber eingesetzt, obwohl viele Versuche unternommen worden sind, organische Farbstoffe dafür zu verwenden. Die Hauptmerkmale eines solchen Filterfarbstoffes, nämlich gute Haltbarkeit und Diffusionsfestigkeit bei gleichzeitig leichter und irreversibler Entfärbung unter Entwicklungsbedingungen, sind von einem organischen Farbstoff nur schwer zu erfüllen. Außerdem hat das kolloidale Silber der Gelbfilterschicht ein sehr gutes Adsorptionsvermögen für das Entwickleroxydationsprodukt und verhindert dadurch seine Diffusion zwischen Mittel- und Oberguß.

Eine Möglichkeit, die Gelbfilterschicht einzusparen, ergibt sich aus dem Einsatz wasserlöslicher, organischer Gelbfarbstoffe wie Tartrazin in der blauempfindlichen Emulsionsschicht. Das ist ökonomisch vorteilhaft, und z. B. bei Farbpositivmaterial wegen der Tonspurentwicklung, bei der die Anwesenheit von kolloidalem Silber stört, notwendig, bringt aber zwangsläufig eine Qualitätseinbuße durch Verflachung und Empfindlichkeitsverlust im Oberguß und durch die verstärkte Diffusion von Entwickleroxydationsprodukt zwischen Ober- und Mittelguß.

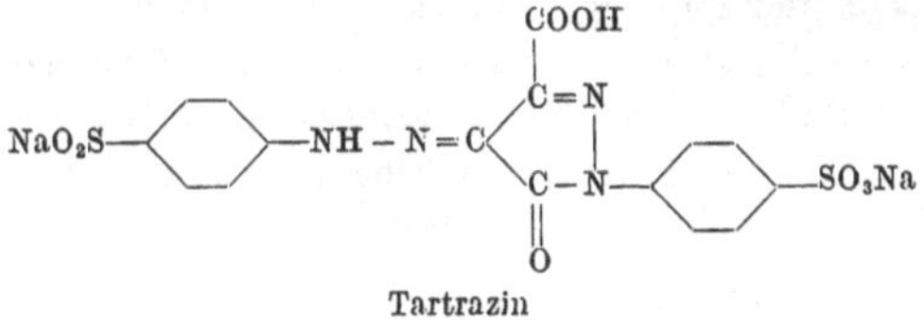

Tartrazin

Beide nachteiligen Effekte können durch Erhöhung der Obergußdicke abgeschwächt werden, die Folge ist aber ein Schärfeverlust.

12.3. Antistatische Schichten

Die elektrostatische Aufladung von Filmbahnen bei ihrer Herstellung und Verarbeitung, die zu erheblichen Filmfehlern, wie Belichtungen durch elektrische Entladung, oder zu Verschmutzungen führt, läßt sich chemischerseits durch Antragen einer entsprechenden Schicht auf der Rückseite der Unterlage oder durch Einbringen von Antistatika in die Emulsionsschichten verringern. Dafür sind sehr viele Stoffe vorgeschlagen worden. Bei allen handelt es sich um organische Verbindungen mit ausgesprochenem Salzcharakter, in erster Linie um quartäre Ammoniumsalze und Salze ein- und mehrwertiger Sulfonsäuren.

12.4. Mattierung [48]

Eine matte, rauhe Filmoberfläche hat folgende Vorteile:

1. Beim Abwickeln einer Filmbahn werden die durch elektrostatische Aufladung verursachten Abreißblitze weitgehend vermieden, wenn die Filmwindungen nicht flächenmäßig fest, sondern nur punktförmig an den erhabenen Stellen der rauhen Oberfläche aufeinanderliegen.
2. Die Diffusion von Unterlage- oder Rückschichtbestandteilen in die Emulsion und damit die Beeinträchtigung ihrer Haltbarkeit bei der Lagerung des Films in fest aufgewickelten Rollen wird durch die Reduzierung des Kontaktes zwischen Emulsion und Unterlage weitgehend unterbunden.
3. Retuschearbeiten und die Beschriftung von Filmen lassen sich nur durchführen, wenn die Filmoberfläche mattiert ist.
4. Die Lichtreflexion an glatten Oberflächen, zum Beispiel bei Großdias, stört die Bildbetrachtung.

Nur in wenigen Fällen werden die Emulsionsschichten selbst mattiert, meistens werden sie mit einer dünnen Gelatineschicht, die das Mattierungsmittel enthält, überzogen. Zur Mattierung eignen sich Hochpolymere wie Reisstärke, die durch Umsetzung mit Fettsäuren, Harnstoff oder Formalin hydrophobisiert und damit in ihren Eigenschaften verbessert wird, und Kunststoffe (zum Beispiel Polyacrylate) oder anorganische Salze wie das schwerlösliche Bariumsulfat (für Retuschezwecke) und Zinkdoppelsalze, letztere lassen sich im Entwickler auswaschen. Die Hochpolymeren werden mit einer Teilchengröße von 1 bis 2 μm in der Gelatine in so geringer Menge (Hochpolymeres:Gelatine = 1:500 bis 1:1000) dispergiert, daß die Trübung der Schicht vernachlässigbar gering ist.

13. Entwicklung [90 bis 93]

Die photographische Entwicklung ist die Zuendeführung des Elementarvorganges in der Photographie, d. h. der Vergrößerung von Silberkeimen in Silberhalogenidkristallen durch ihre Fähigkeit, Elektronen und Silberionen einzufangen. Der Elementarvorgang beginnt bereits bei der chemischen Reifung (S. 52), bei der Elektronen zur Keimbildung und -vergrößerung durch Reduktionsmittel geliefert werden. Bei der Belichtung wird er nur an den vom Licht getroffenen Silberhalogenidkristallen um ein entscheidendes, die Schwelle der Entwickelbarkeit der Keime überschreitendes Stück fortgesetzt (S. 24). Der Elektronenlieferant ist diesmal das durch Absorption von Lichtenergie angeregte Bromion im Kristall. Während der Entwicklung sind es wiederum Reduktionsmittel, die infolge ihres großen Überschusses und ihrer erhöhten Reduktionskraft die belichteten Kristalle vollständig reduzieren.

Der Entwicklungsvorgang läßt sich danach wie folgt formulieren:

$$n \cdot \text{Red.} \longrightarrow n \cdot Ox + m \cdot e^{\ominus}$$

$$m\,\text{Ag}^{\oplus} + m \cdot e^{\ominus} \longrightarrow m\,Ag.$$

Red. ist die reduzierende Entwicklersubstanz und *Ox* ihr Oxydationsprodukt. *n* und *m* sind ganze Zahlen. *m* ist gleich oder ein Vielfaches von *n*.

Die Silberionen, die an den Keimen adsorbiert und durch die Elektronen des Entwicklers reduziert werden, können entweder aus dem Kristall oder aus der den Kristall umgebenden Lösung geliefert werden, je nachdem, von wo sie leichter zugänglich sind. Befinden sich viele Silberionen in der Lösung, zum Beispiel hohe Konzentration an Silberhalogenidlösungsmittel im Entwickler, dann werden sie vorwiegend aus der Lösung an

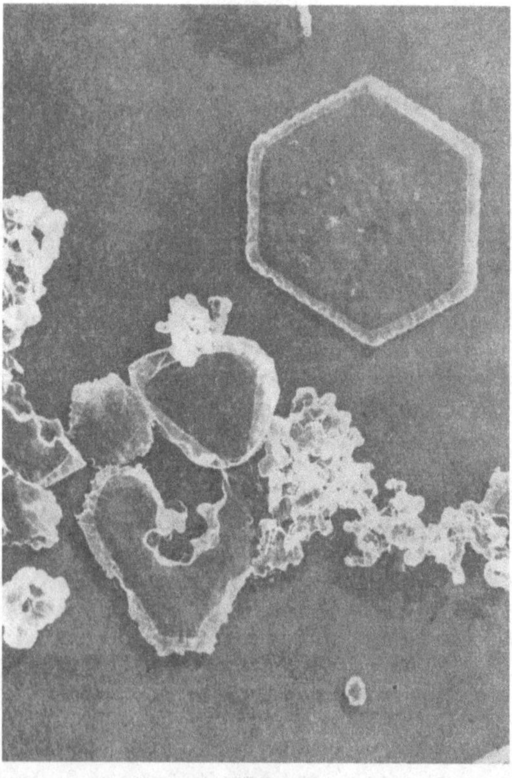

Abb. 33 Elektronenmikroskopische Aufnahmen physikalisch anentwickelter Silberbromidkristalle (VEB Filmfabrik Wolfen, M. SCHARF)

Trotz der engen Grenzen, in denen die Reduktionsfähigkeit liegen muß, gibt es eine sehr große Anzahl von Substanzen mit Entwicklereigenschaften. Daß sich davon nur einzelne wenige in der Praxis durchgesetzt haben, liegt daran, daß eine Entwicklersubstanz außer der Entwicklungsfähigkeit noch andere Eigenschaften besitzen muß.

Sie muß 1. leicht löslich in Wasser (evtl. als Salz) und 2. vor allem möglichst beständig sein. 3. darf ihr Oxydationsprodukt nicht wie z. B. in dem System $Fe^{\oplus\oplus} \rightleftharpoons Fe^{\oplus\oplus\oplus}$ als Oxydationsmittel für Silber wirken, weil sonst die Entwicklung nicht wie gewünscht zum Abschluß kommt, sondern in einem Gleichgewichtszustand endet. 4. Entwicklersubstanzen haben unter Entwicklungsbedingungen in alkalischem Milieu mehr oder weniger Ionencharakter. OH-Gruppen führen zu negativer, NH_2-Gruppen zu positiver Ladung. Je negativer die Ladung wird, um so schlechter werden die Entwicklungseigenschaften, weil sich die Induktionsperiode, d. h. die Zeit, in der die Entwicklung sehr langsam anläuft, verlängert. Die Ursache für die Induktionsperiode ist am wahrscheinlichsten eine Schicht adsorbierter Bromionen um jeden Silberhalogenidkristall, die als negative Ladungsschranke erst von dem Entwickler überwunden werden muß, ehe er sein Elektron an den Keim abgeben kann. Je negativer die Ladung der Entwicklersubstanz ist, um so schwerer überwindet sie die Br^--Schranke. 5. müssen die Oxydationsprodukte des Entwicklers möglichst farblos und leicht auswaschbar sein, sie dürfen 6., soweit es sich um Erstentwickler für die Farbumkehrentwicklung handelt, nicht mit Farbkupplern reagieren.

Die Folge des geringen Abstandes zwischen der Reduzierbarkeit der belichteten und der unbelichteten Silberhalogenidkörner ist die Unmöglichkeit, ausschließlich die belichteten bei der Entwicklung zu erfassen. Die Reduktion unbelichteter Körner wird als Entwicklungsschleier sichtbar und die Wahrscheinlichkeit, daß die Entwicklersubstanz Elektronen an Subkeime abgibt und damit unbelichtete Körner entwickelbar macht, d. h. die Verschleierung, wächst proportional der Entwicklungszeit. Ähnlich wie die chemische Reifung muß daher die Entwicklung im Wirkungsoptimum, wenn möglichst viel belichtete Körner entwickelt und möglichst wenig Schleierkörner gebildet worden sind, abgebrochen werden. Der Abbruch erfolgt im allgemeinen durch Auswässerung des Entwicklers oder durch ein saures Unterbrecherbad (Stoppbad).

13.1. Schwarz-Weiß-Entwicklung

Die anorganischen Entwicklersubstanzen haben bis heute keine Bedeutung erlangt, trotzdem seien sie erwähnt, weil sich unter ihnen die von der Systematik her einfachsten Entwickler befinden.

$$H_2N{-}NH_2 + 4\,Ag^{\oplus} \rightarrow N_2 + 4\,H^{\oplus} + 4\,Ag$$
Hydrazin

$$H_2N{-}OH + OH^{\ominus} + Ag^{\oplus} \rightarrow H_2NO + H_2O + Ag$$
Hydroxylamin

$$HO{-}OH + 2\,OH^{\ominus} + 2\,Ag^{\oplus} \rightarrow 2\,H_2O + O_2 + 2\,Ag$$
Wasserstoffsuperoxyd

Die zu dieser Gruppe gehörenden Metallionen, z. B. $Fe^{II} \rightarrow Fe^{III}$ (als Oxalat), $Ti^{III} \rightarrow Ti^{IV}$ (als Aethylendiamintetraessigsäurekomplex) und $V^{II} \rightarrow V^{III}$ (in stark salzsaurer Lösung mit elektrolytischer Regenerierung) werden wegen der Unbeständigkeit der mit ihrer Hilfe hergestellten Entwicklerlösungen kaum eingesetzt, obwohl sie, wahrscheinlich auf Grund ihrer mehrfach positiven Ladung, außerordentlich schnell entwickeln.

Alle praktisch eingesetzten Entwicklungssubstanzen sind organischer Natur und fast ausschließlich Benzolderivate. Benzol besitzt bereits ein energiereiches π-Elektronensextett, das durch OH- oder NH_2-Gruppen verstärkt werden kann. Einfache Substitution durch eine der beiden Gruppen reicht nicht aus, um das Mindestpotential von 100 mV zu erreichen, vierfache Substitution führt in einigen Fällen (z. B. beim 2-, 4-, 6-Triaminophenol in alkalischer Lösung) bereits zur Überschreitung des günstigen Potentialbereiches, d. h. zur gleichzeitigen Entwicklung belichteter und unbelichteter Körner. Tatsächlich handelt es sich bei den gebräuchlichen Entwicklersubstanzen meist um zweifach, mit OH- oder NH_2-Gruppen substituierte Benzolverbindungen, von denen die bekanntesten im folgenden zusammengestellt sind:

Tafel 10

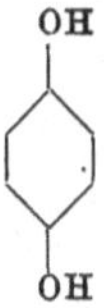

Hydrochinon

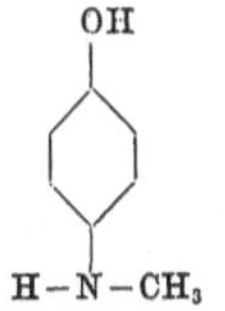

N-Methyl-p-aminophenol (Metol)

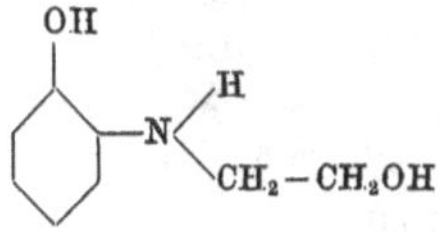

N-Oxaethyl-o-aminophenol (Atomal)

(TGL 143–200, Nov. 1962)

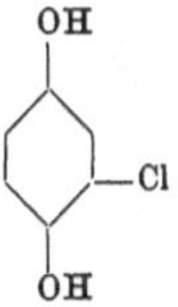

Chlorhydrochinon (Adurol)

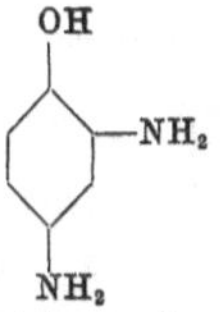

2,4-Diaminophenol (Amidol)

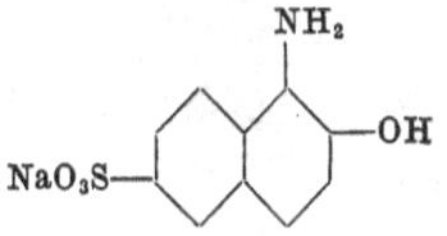

1-Amino-2-hydroxy-6-naphthalinsulfonsäure (Eikonogen)

(TGL 8483, Okt. 1960)

p-Aminophenol

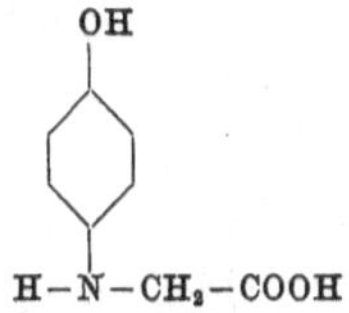

p-Oxyphenyl-aminoessigsäure (Glyzin)

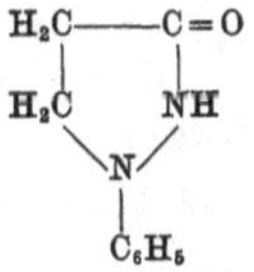

1-Phenyl-pyrazolidon-(3) (Phenidon)

M. ANDRESEN und A. und L. LUMIÈRE gebührt das Verdienst, die Bedeutung der zweifach substituierten Benzole als Entwicklersubstanzen erkannt zu haben.

Während der Entwicklung werden diese Substanzen oxydiert und ergeben, abgesehen vom Phenidon, über das Semichinon als Zwischenstufe Chinone bzw. Chinonimine, die durch das im Entwickler enthaltene Sulfit in Sulfonsäuren übergeführt und dadurch unschädlich gemacht werden; die Sulfonsäuren haben eine wesentlich geringere Reduktionsfähigkeit als die Entwickler selbst. Ein kleiner Teil des Chinons bzw. der Chinonimine reagiert unter Polymerisation zu den entsprechenden Huminsäuren. Dadurch färben sich die Entwicklerlösungen mehr oder weniger schnell braun. Das Semichinon hat Radikal-Charakter und wird nicht durch das Silberion zum Chinon oxydiert, sondern disproportioniert in einer sehr schnell ablaufenden Reaktion zu Hydrochinon und Chinon:

Tafel 11

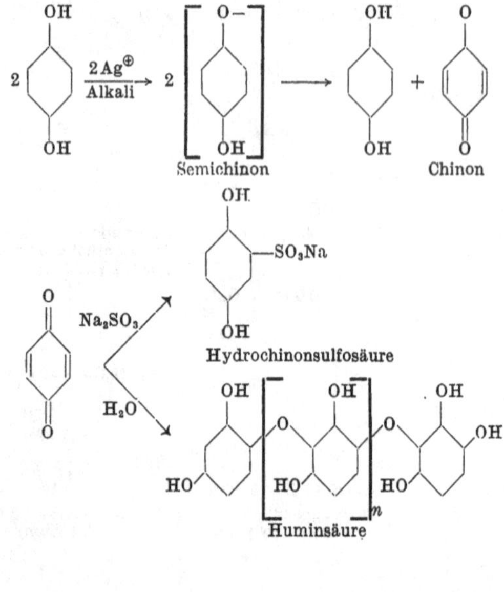

Metasubstituierte Benzole haben kaum Entwicklereigenschaften, weil sie sich nicht zu Chinonen oxydieren lassen.

Eine der interessantesten von den genannten Substanzen ist das 1940 von J. D. KENDALL als Entwickler entdeckte 1-Phenylpyrazolidon [3]. Es hat an sich nur schwache Entwicklungsfähigkeit, die durch Zugabe von Hydrochinon aber außerordentlich verstärkt wird. Das Phenidon wird am Silberkeim ähnlich wie bei den Azaindolizinen adsorbiert, gibt sein Elektron unter Bildung eines neutralen Radikals ab und wird ohne Desorption durch Hydrochinon regeneriert [95]. Es braucht daher nur in geringer Menge (0,1 bis 0,5 g im Liter Entwickler; für normale Entwicklersubstanzen: 3 bis 10 g/l) dem Entwickler zugesetzt werden. Die Reduktion des Radikals kann so schnell erfolgen, weil das Hydrochinon nicht bis zur Kristalloberfläche vorzudringen braucht und dadurch keine Hemmung durch die Ladungsschranke erfährt.

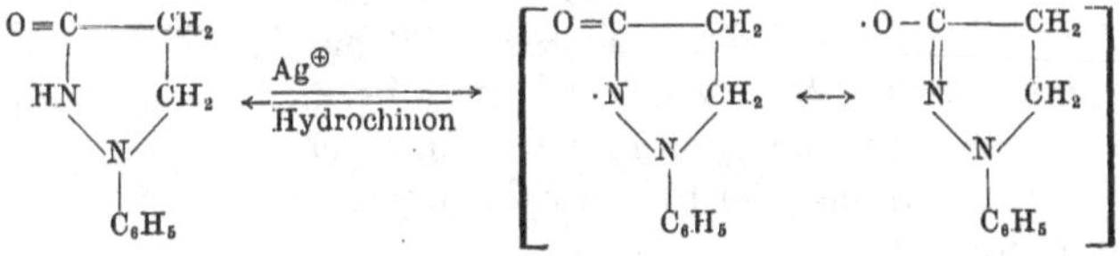

Der allmähliche Verbrauch des Phenidons im Entwickler ist nicht auf die Entstehung von Oxydationsprodukten, sondern auf Hydrolyse zurückzuführen.

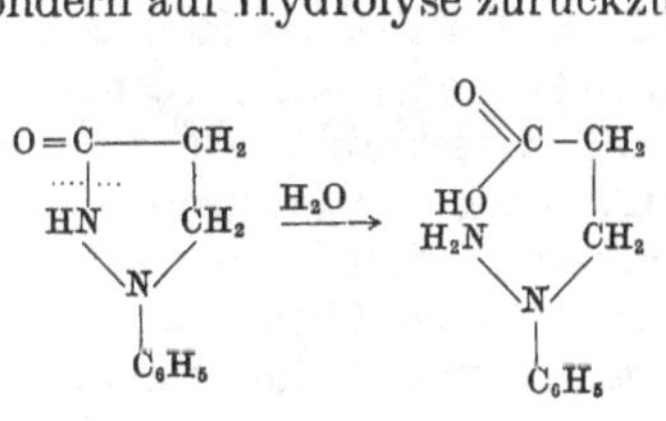

Die Phenidonentwicklung ist ein charakteristisches Beispiel für den Superadditivitätseffekt, der zuerst bei der Mischung von Metol mit Hydrochinon entdeckt worden ist. Metol allein ergibt hohe Empfindlichkeitsausnutzung bei flacher Gradation, Hydrochinon allein hat schwaches Entwicklungsvermögen bei steiler Gradation. Bei der Mischung beider bleibt die hohe Empfindlichkeitsausnutzung des Metols unter beträchtlicher Gradationssteigerung erhalten. Es liegt keine einfache Addition der Einzeleigenschaften vor, vielmehr wirkt das Hydrochinon als Regenerator für das Metol unter dauernder Aufrechterhaltung der ursprünglichen Metol-Konzentration, während seine Wirksamkeit laufend abfällt, wenn es allein vorliegt.

Die Entwicklerlösungen sind meist stark alkalisch (40 bis 70 g Na_2CO_3 oder K_2CO_3/l) (TGL Na_2CO_3 143-203, Nov. 1962), weil die Entwicklungsgeschwindigkeit mit steigendem pH-Wert zunimmt. Bei Rapidentwicklern verwendet man zum Teil NaOH oder KOH.

Zum Schutz gegen die Luftempfindlichkeit der Entwicklersubstanzen (Autoxydation durch den Luftsauerstoff zu Huminsäuren) in wäßrig-alkalischer Lösung wird dem Entwickler Sulfit zugesetzt (20 bis 50 g Na_2SO_3/l) (TGL 143-201, Nov. 1962). Es ist zu beachten, daß Sulfit schwach silberhalogenidlösende Eigenschaften hat und dadurch die parallel ablaufende physikalische Entwicklung fördert.

Kaliumbromid (TGL 143-204, Nov. 1962) wird dem Entwickler in Mengen von 1 bis 3 g/*l* zur Verringerung des Entwicklungsschleiers zugesetzt. Seine Wirksamkeit ist so groß, daß die gleichzeitige Herabsetzung der Empfindlichkeit um etwa eine halbe Blende durch die Erhöhung der Ladungsschranke an der Oberfläche der Silberhalogenidkristalle in Kauf genommen werden kann. Auch die Klarhalter (S. 56), besonders Benzotriazol, Mercaptobenzthiazol oder Phenylmercaptotetrazol, können als Antischleiermittel im Entwickler eingesetzt werden [97]. Sie wirken wie KBr als Entwicklungsverzögerer.

Zur Beseitigung der Kalzium- und Magnesiumsalze (Wasserhärte) beim Ansatz von Entwicklerlösungen, die zu Salzausscheidungen und zur Kalkschleierbildung auf Filmen führen, werden dem Entwickler Enthärter (Kalkschutzmittel; 2 g Natriumhexametaphosphat oder Aethylendiamintetraessigsäure = Trilon B/*l*) zugesetzt.

Für die Umkehr-Erstentwicklung von Schwarz-Weiß- bzw. Farbmaterial (meist Metol-Hydrochinon oder Phenidon-Hydrochinon) werden häufig 1 bis 2 g Kaliumrhodanid im Liter angewandt. Kaliumrhodanid ist ein gutes Silberhalogenidlösungsmittel, fördert die physikalische Entwicklung und führt zu einer besseren Empfindlichkeitsausnutzung bei der Umkehrentwicklung [98].

13.2. Farbentwicklung

Bei der Farbentwicklung findet im gewissen Sinne eine Umwertung der Werte statt. Während das entwickelte Silber nicht zum Bildaufbau benötigt, sondern als Ballaststoff entfernt wird, löst gerade das bei der Schwarz-Weiß-Entwicklung unbrauchbare Entwickleroxydationsprodukt die Bildentstehung aus.

Als Farbentwickler werden Derivate des p-Phenylendiamins eingesetzt. Sie verbinden mäßige Entwicklereigenschaften mit guter Kupplungsfähigkeit ihres Oxydationsproduktes, des Chinondiimins. Man hat bis heute — N-Dialkylderivate des p-Phenylendiamins schlug bereits R. Fischer 1912 als Farbentwicklersubstanzen vor — kein günstigeres Entwicklungssystem gefunden.

Sowohl die von Hünig vorgeschlagenen heterocyclischen Hydrazone vom Pyridintyp, die mit normalen Kupplern zu Azofarbstoffen reagieren, als auch Tetracyanoverbindungen nach le Sueur Cairns, aus denen Tricyanfarbstoffe entstehen, erreichen bei weitem nicht die Entwicklereigenschaften des N-Diaethyl-p-phenylendiamins.

Die Leichtigkeit, mit der sich das Semichinon, die erste Oxydationsstufe des p-Phenylendiamins, bildet, also die Reaktionsfähigkeit des Entwicklers, und — wie Untersuchungen gezeigt haben — in entsprechender Weise auch seine Kupplungsfähigkeit hängen einmal davon ab, wie weit die primäre Aminogruppe der N-Dialkylderivate durch Induktions- oder Mesomerieeffekte bei der Abspaltung eines Elektrons beeinflußt wird, und zum anderen von der Ausbildung eines Resonanzhybrids am tertiären Stickstoff mit der Bedingung, daß die Liganden des Stickstoffs einschließlich des Benzolrings in einer Ebene liegen. Der Farbentwickler kann sowohl am Benzolring als auch am tertiären Stickstoff die verschiedensten Substituenten tragen. Ihre Wirkung entspricht, soweit es sich bei ihnen um Induktionseffekte handelt, weitgehend den Verhältnissen, die durch die HOLLEMANNsche Direktionsregel wiedergegeben werden.

Die Einführung einer elektronenlösenden CH_3-Gruppe in o-Stellung zur primären NH_2-Gruppe hat eine deutliche Erhöhung der Reaktionsfähigkeit des p-Phenylendiamins zur Folge. Interessant ist, daß auch die elektronenanziehenden Gruppen $-CH_2OH$ und $-CH_2NH_2$ elektronenlösend auf die NH_2-Gruppe wirken, weil hier ein sehr ausgeprägter Mesomerieeffekt den Induktionseffekt überlagert. Leider läßt sich die elektronenlösende Wirkung nicht beliebig verstärken, weil sehr bald, zum Beispiel schon bei der Gruppe $-N(CH_3)_2$, sterische Hinderung mit der NH_2-Gruppe in Erscheinung tritt. Die sterische Hinderung wird dominierend gegenüber allen Induktions- und Mesomerieeffekten bei Substitutionen in o-Stellung zum tertiären Stickstoff. Diese Substitution erschwert die Ausbildung des Semichinon-Resonanzhybrids, weil es die Einordnung der Substituenten am tertiären Stickstoff in eine Ebene mit dem Benzolring stört. Die Folge ist äußerst schlechte Entwicklungsfähigkeit aller in 2-Stellung substituierten p-Phenylendiamine mit einer interessanten Ausnahme. Wenn man nämlich die Äthylgruppe des tertiären Stickstoffes mit einer Methylgruppe in 2-Stellung zu einem 6-Ring verbindet, dann ergibt sich der umgekehrte Effekt; der 6-Ring zieht geradezu die Liganden in eine Ebene und tatsächlich steigt auch die Reaktionsfähigkeit des Entwicklers erheblich. Noch ausgeprägter wird der Effekt bei Ausbildung eines 5-Ringes, der noch ebener als der 6-Ring liegt.

Es ist aus zwei sehr wichtigen Gründen immer wieder versucht worden, wasserlöslich machende Gruppen in das Entwicklermolekül einzuführen. Je besser auswaschbar diese Substanzen nach der Farbentwicklung sind, um so günstiger gestalten sich die Schleierwerte beim Filmmaterial, und außerdem haben die Farbentwickler eine um so geringere allergische Wirkung [99] (Hautekzem), je hydrophiler sie sind. Nun üben gerade die Carboxyl- und Sulfonsäuregruppen, die die Wasserlöslichkeit stark erhöhen können, einen besonders ungünstigen elektronenanziehenden Induktionseffekt im Entwicklermolekül aus. Verbindungen mit Säuregruppen am Ring oder direkt am tertiären N haben überhaupt keine Entwicklereigenschaften.

Raasch [100] hat ein interessantes Beispiel zu diesem Problem angegeben. Er hat am tertiären Stickstoff eine Carboxylgruppe eingeführt und systematisch die CH_2-Kette zwischen Stickstoff und Carboxylgruppe verlängert. Er findet ein Ansteigen der Reaktionsfähigkeit des Entwicklers bis zu 5 Kohlenstoffatomen und bei weiterer Verlängerung der Kette laufenden Rückgang der Reaktionsfähigkeit. Mit jeder CH_2-Gruppe wird der Induktionseffekt der Carboxylgruppe mehr abgeschirmt, andererseits aber auch die Diffusionsfähigkeit laufend verringert. Nur solange der erste Effekt überwiegt, steigt die Reaktionsfähigkeit.

Alle diese Untersuchungen haben wichtige Beiträge zur Aufklärung des Reaktionsablaufes bei der Farbentwicklung geliefert, führten aber nur in engen Grenzen zu Phenylendiaminderivaten mit verbesserten Entwicklungseigenschaften.

Der Reaktionsmechanismus der Farbentwicklung [101] der vor allem von Tong und Glesmann einerseits, sowie von Eggers und Frieser andererseits aufgeklärt worden ist, entspricht bis zum Chinondiimin dem des Hydrochinonentwicklers (S. 138).

Für das Zustandekommen der Kupplung nehmen VITTUM und WEISSBERGER elektrostatische Anziehung an, und zwar zwischen der negativen Ladung des in dem stark alkalischen Milieu vorliegenden Kuppleranions und der positiven Ladung des unsubstituierten Stickstoffs in der benzoiden Form des Chinondiimins:

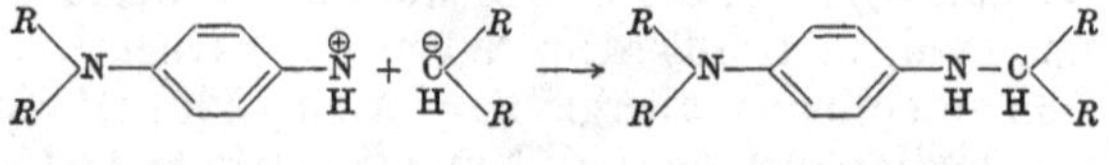

Die Leucoverbindung als Zwischenstufe bei der Kupplung konnte erstmalig von HÜNIG und DAUM durch Verwendung von 2, 4, 6-Trimethylphenol als Kuppler gefaßt werden. In diesem Fall wird die Methylgruppe in 4-Stellung bei der Kupplung nicht eliminiert; man erhält ein Chinamin:

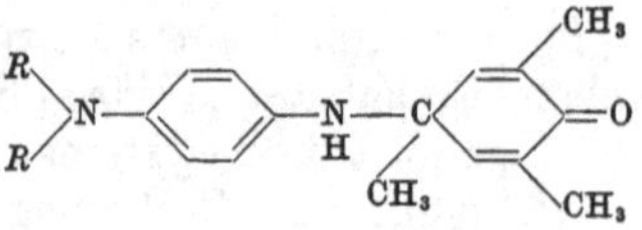

Die Oxydation der Leucoverbindung zum Farbstoff erfolgt durch ein weiteres Molekül Chinondiimin, das selbst wieder zum p-Phenylendiaminderivat reduziert wird:

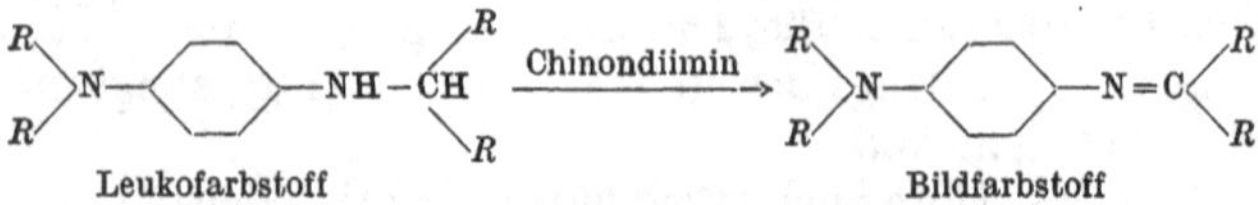

Als Nebenreaktion bei der Farbentwicklung läuft die Desaminierung des Chinondiimins ab:

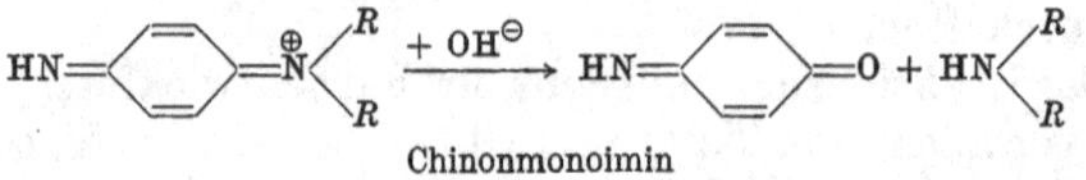

Das Chinondiimin setzt sich im alkalischen Milieu in einer Reaktion erster Ordnung, deren Geschwindigkeitskonstante näherungsweise proportional mit der OH-Ionenkonzentration wächst, unter Eliminierung der tertiären Aminogruppe zum Chinonmonoimin um. Letzteres kuppelt ebenfalls mit Phenolen unter Bildung von Indophenolfarbstoffen, die anders als die Indoanilinfarbstoffe gefärbt sind. Daß diese unerwünschte Kupplung bei der Farbentwicklung praktisch nicht stattfindet, ist auf die geringere Kupplungsgeschwindigkeit des Monoimins im Vergleich zum Diimin und auf das sich schnell einstellende Gleichgewicht

$$\begin{array}{c}\text{Chinonmonoimin} + \text{Phenylandiamin}\\ \rightleftharpoons \\ \text{p-Aminophenol} + \text{Chinondiimin}\end{array}$$

zurückzuführen. Da das Phenylendiamin bei der Entwicklung in großem Überschuß vorliegt, wird das Gleichgewicht bei Entstehung von Chinonmonoimin stets in Richtung des schneller kuppelnden Chinondiimins verschoben. Nachteilig wirkt sich die Desaminierung insofern aus, als das Chinonmonoimin eine größere Lebensdauer hat als das Diimin. Mit Hilfe des Monoimins als Zwischenträger wird infolge Diffusion der Reaktionsradius des kupplungsfähigen Entwickleroxydationsproduktes größer, damit die Bildschärfe schlechter und die Farben durch Mitkupplung in den Nachbarschichten unreiner.

Die Tatsache, daß der Bildfarbstoff bei der Farbentwicklung nicht unmittelbar am Korn entsteht, wie das Silber bei der Schwarz-Weiß-Entwicklung, sondern daß sich ein Farbstoffhof bildet, verursacht grundsätzliche Schwierigkeiten, die nur durch das Anbringen von Zwischenschichten beseitigt werden können. Wie Abb. 35 veranschaulicht, wird ein Teil des Entwickleroxydationsproduktes, das an solchen Silberhalogenidkristallen entsteht, die an der Grenze zwischen zwei Emulsionsschichten liegen, in der Nachbarschicht gekuppelt. Das führt zu Farbverfälschungen. Die Wirksamkeit der Zwischenschichten kann durch Maßnahmen wie Einlagerung von diffusionsfesten Reduktionsmitteln oder Farbloskupplern oder fein verteiltem Silberjodid mit hoher Adsorptionsfähigkeit, die das Entwickleroxydationsprodukt abfangen, verbessert werden.

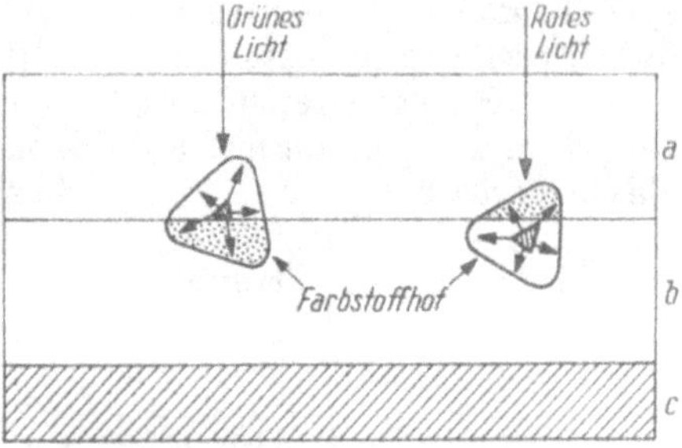

Abb. 36 Farbverfälschung durch Entwickleroxydationsproduktdiffusion
a: Grünempfindliche Schicht mit Purpurkuppler;
b: Rotempfindliche Schicht mit Blaugrünkuppler;
c: Schichtträger;
AgBr – Kristall → ↙ kupplungsfähiges Entwickler-Oxydations-Produkt

13.3. Umkehr- und Schnell-Entwicklung

Um ein exponiertes Bild ohne Kopierprozeß in ein Positiv zu verwandeln, benutzt man die Umkehr-Entwicklung. Bei Schwarz-Weiß-Film verläuft sie wie folgt: Der belichtete Film wird in rhodanidhaltigem Metol-Hydrochinon-Entwickler entwickelt. Es entsteht ein negatives Bild. Das reduzierte Silber wird in einem stark sauren, sogenannten Umkehrbad (5 g $K_2Cr_2O_7$ + 5 ml konz. H_2SO_4 im Liter) zu lichtunempfindlichem Silberchromat oxydiert [102]. Aus dem noch vorhandenen unbelichteten, in der Erstentwicklung nicht geschwärzten Silberhalogenid läßt sich mit Hilfe einer diffusen Durchbelichtung und anschließenden zweiten Entwicklung ein positives Bild herstellen.

Die Umkehr-Farbentwicklung ist insofern noch einfacher, als man das bei der Erstentwicklung entstandene Silber vor der diffusen Zweitbelichtung nicht zu entfernen braucht. Es wird erst zusammen mit dem bei der Farbentwicklung entstehenden Silber ausgebleicht.

Die Zweitbelichtung kann man durch Zugabe schleiernder Substanzen wie Polythioaether, Hydrazine oder Alkali-Borhydride vor oder während der Farbentwicklung umgehen.

In zunehmendem Maße werden Schnellentwicklungsverfahren in der Schwarz-Weiß-Photographie eingesetzt [103] und in der Farbphotographie empfohlen. Während eine normale Schwarz-Weiß-Entwicklung 2 bis 10 Minuten dauert und einschließlich Fixiervorgang und Wässerung 10 bis 20 Minuten in Anspruch nimmt, erreicht man bei den Rapidverarbeitungsverfahren Entwicklungszeiten, einschließlich Fixage, von 10 bis 20 Sekunden. Die unterste Grenze gerade sichtbarer Aufzeichnungen liegt heute bei 0,2 Sekunden Entwicklungszeit. Diese kurzen Entwicklungszeiten sind mit einer Tankentwicklung, auch wenn sie maschinell ist, nicht zu erreichen. Der Entwickler muß in hoher Konzentration und starker Alkalität aufgesprüht oder in einer viskosen Paste aufgetragen werden. Dadurch gelangt die für die Reduktion des Silbers ausreichende Entwicklermenge sofort bis in die untersten Teile der Schicht, ehe die Gelatine merklich quillt und sich der Antransport des Entwicklers durch Verlängerung der Diffusionswege immer mehr verzögert (S. 36).

Zur Stabilisierung der rapidentwickelten Bilder setzt man nicht die langsam ablaufende Fixage ein, sondern überführt das lichtempfindliche nichtreduzierte Halogensilber durch Behandlung des Films mit Ammoniumrhodanidlösung in das lichtunempfindliche Silberrhodanid.

Für die Farbentwicklung in 20 Sekunden ist z. B. von Townley [104] ein Düsenzerstäubungsverfahren vorgeschlagen worden.

14. Bleichen

Der Bleichvorgang wird bei sämtlichen Farbmaterialien benötigt, um das bei der Farbentwicklung reduzierte Silber durch Oxydation in eine ausfixierbare Form zu bringen. Nach der Farbentwicklung haben Farbnegative fast das gleiche Aussehen wie Schwarz-Weiß-Bilder, weil das reduzierte Silber die Farben überdeckt. Farb-Umkehr-Bilder sind weitgehend schwarz. Erst im Bleichbad treten in dem Maße, wie das Silber durch Oxydation entfärbt wird, die Farben des Bildes in Erscheinung.

Als Oxydationsmittel werden in erster Linie Eisenkomplexsalz- oder Bichromat-Schwefelsäure-Bäder (Schwarz-Weiß-Umkehrentwicklung) verwendet. Eine große Zahl möglicher Bleichsubstanzen für spezielle Verwendungszwecke führt SUTHERNS [105] an. Das gebräuchlichste Eisenkomplexsalz ist Kaliumferricyanid $K_3[Fe(CN)_6]$, das beim Bleichvorgang zu Ferrocyanid reduziert wird. Die angewendete Menge dieses Salzes (20 bis 100 g/*l*) richtet sich nach der Oxydationsgeschwindigkeit, die man erreichen will, sowie nach Silbergehalt und Härtung des Filmmaterials. Bei Farbpapieren werden möglichst geringe Mengen Ferricyanid eingesetzt, weil es sich schlecht auswässern läßt und schon Spuren davon bei der Hochglanztrocknung durch Überführung in intensiv gefärbte Eisenmischoxyde Gelbschleier ergeben.

Durch Zusatz von Kaliumbromid (20 bis 30% der $K_3[Fe(CN)_6]$-Menge) wird die Wirksamkeit des Ferricyanids wesentlich erhöht (Bildung von AgBr).

Die häufigste durch das Bleichbad verursachte Fehlererscheinung ist die Entstehung eines Farbschleiers. Der Farbentwickler wird in den Emulsionsschichten adsorbiert und läßt sich nur schwer durch Behandlung des Films im Anschluß an die Farbentwicklung in einem sauren Stoppbad zur Überführung des Entwicklers in ein leichtlösliches Salz und anschließender intensiver Wässerung entfernen. Farbentwicklerreste werden im Bleichbad oxydiert und auf der kupplungsfähigen Stufe in um so stärkerem Maße von den Farbkupplern unter Bildung der Bildfarbstoffe abgefangen, je größer deren Kupplungsgeschwindigkeit ist. Aus diesem Grunde tendiert der im Bleichbad entstehende Farbschleier nach Purpur (S. 90). Es sind viele Versuche unternommen worden, um die Farbentwicklerreste vor oder während des Bleichens quantitativ zu entfernen; z. B. durch Kupplung zu Azofarbstoffen mit Hilfe eines Diazoniumsalzbades, durch Oxydation in stark saurer Lösung oder durch Zusatz von Farbloskupplern bzw. von schnellreagierenden, nichtdiffusionsfesten Farbkupplern zum Bleichbad. Die einfachste Lösung wäre die Sauerstellung des Bleichbades. Die Farbkupplungsreaktion läuft in vitro nur im alkalischen Milieu genügend schnell und quantitativ ab. Bereits zwischen pH 6 und 7 bilden selbst Purpurkuppler keinen Farbstoff mehr. In der Emulsionsschicht dagegen, wahrscheinlich durch die besonderen Adsorptionsverhältnisse in der Gelatine, beobachtet man noch bis etwa zu pH 5 Farbkupplung, zwischen pH 6 und 5 ausschließlich Purpurkupplung. Der pH-Wert des Bleichbades müßte demnach unter 5 liegen. Das ist bei Verwendung von Kaliumferricyanid infolge seiner Zersetzung unter Blausäureabspaltung nicht möglich. Aus diesem Grunde setzt man vielfach saures Bichromatbleichbad oder einen gegen Säure beständigeren Eisenkomplex als Bleichmittel ein.

Die letztere Möglichkeit ist auch insofern interessant, als sich Kaliumferricyanid nicht mit Thiosulfat zu einem Bleichfixierbad vereinigen läßt, weil es entsprechend der Gleichung

$$2Na_2S_2O_3 + 2K_3[Fe(CN)_6] \rightarrow Na_2S_4O_6 + 2K_3Na[Fe(CN)_6]$$

mit Thiosulfat unter Reduktion und Berliner- bzw. TURNBULLS-Blau-Bildung reagiert [106], während die Zersetzung bei Verwendung des Eisen-Aethylendiamintetraessigsäurekomplexes nicht stattfindet. Mit dem Komplex hergestellte Bleichfixierbäder lassen sich unter

Zusatz von Sulfit zur Stabilisierung des Thiosulfats bis zu einem pH-Wert unter 5 sauer stellen. Sie haben allerdings zwei Nachteile. Sie entfärben blaugrüne Bildfarbstoffe unter Bildung von Sulfitadditionsverbindungen, die durch ein alkalisches Nachbad, z. B. Na_2CO_3 unter quantitativer Rückbildung des Farbstoffes zerstört werden müssen, und sie bleichen hochgehärtete Schichten, z. B. Farbpapier-Materialien, an den Stellen hoher Farbstoffdichte nicht restlos aus [107]. Anscheinend genügt die an sich schon geringe Maschenweite der hochgehärteten Gelatine infolge der weiteren Verengung durch Bildfarbstoffmoleküle nicht mehr, um das große Eisenaethylendiamintetraessigsäurekomplexion durchzulassen. Ähnliche Gründe wird die Tatsache haben, daß Kaliumferricyanid eine höhere Bleichgeschwindigkeit hat als der Diaminkomplex (S. 113).

15. Fixieren [108]

Wenn ein Schwarz-Weiß-Film entwickelt bzw. ein Farbfilm gebleicht worden ist, muß das entstandene photographische Bild stabilisiert werden. Das geschieht durch Herauslösen des nicht entwickelten bzw. während des Bleichvorganges zurückgebildeten Silberhalogenids. Bei seinem Verbleiben in der Schicht würde das Bild allmählich verschleiern. Als Fixiermittel dient seit der Entdeckung des photographischen Prozesses Thiosulfat. Es reagiert mit dem Silberhalogenid unter Bildung verschiedener Komplexsalze:

1. $3\,AgBr + 2\,Na_2S_2O_3 = Na[Ag_3(S_2O_3)_2] + 3\,NaBr$ (sehr schwer löslich)
2. $AgBr + Na_2S_2O_3 = Na[AgS_2O_3] + NaBr$ (schwer löslich)
3. $Na[Ag_3(S_2O_3)_2] + 2\,Na_2S_2O_3 = Na_5[(Ag_3(S_2O_3)_4]$ (leicht löslich)
4. $Na[AgS_2O_3] + Na_2S_2O_3 = Na_3[Ag(S_2O_3)_2]$ (leicht löslich)

Aus den Reaktionsgleichungen erkennt man, daß das Silberhalogenid um so leichter gelöst wird, je konzentrierter die Thiosulfatlösungen sind. Man verwendet 150 bis 200 g/*l*. Die Verwendung von Ammoniumthiosulfat anstelle des Natriumsalzes führt zu einer Verkürzung der Fixierzeit auf die Hälfte (Schnell- oder Rapid-Fixierbäder). Den Zusammenhang zwischen Fixiergeschwindigkeit und Konzentration des Fixiersalzes

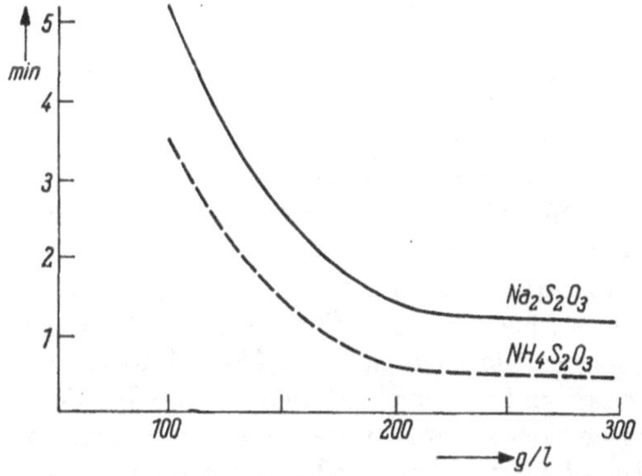

Abb. 37 Fixiergeschwindigkeit

zeigt Abb. 37. Erhöhung der Thiosulfatkonzentration über 200 g/*l* bringt infolge gegenseitiger Diffusionsbehinderung kaum noch eine Geschwindigkeitssteigerung. Im Verlauf der Ausnutzung des Fixierbades reichert sich der Silberkomplex in der Lösung an und verursacht eine Verringerung der Fixiergeschwindigkeit.

Die Beschleunigung des Fixiervorganges durch Temperaturerhöhung ist gering. Sie beträgt nur etwa 15% bei einer Temperaturerhöhung von 20 auf 30 °C, weil zugleich mit ihr eine stärkere Aufquellung der Schicht eintritt, die die Diffusionszeit des Fixiermittels in der Schicht verlängert.

Wie in allen Bädern der photographischen Entwicklung läßt sich auch beim Fixieren durch Bewegung des

Filmmaterials die Geschwindigkeit des Vorganges erhöhen. Der Austausch frischer und verbrauchter Chemikalien an der Grenzfläche Lösung/Film wird durch die Bewegung erleichtert.

Die vollständige Auswässerung des Thiosulfates, die durch Zusatz von Sulfit beschleunigt wird (mit Bisulfit läßt sich auch die Stabilität des Fixierbades erhöhen = saures Fixierbad), ist von entscheidender Bedeutung für die Haltbarkeit photographischer Bilder [109, 110]. Bei Schwarz-Weiß-Bildern oxydiert zurückgebliebenes Thiosulfat (Fixage mit Ammonium — oder Natriumthiosulfat ergibt keine unterschiedliche Haltbarkeit) im Verlauf der Lagerung Silberatome und führt infolge Silbersulfidbildung zu Verfärbungen. Bei Farbbildern werden die Bildfarbstoffe allmählich zerstört. Die Blaugrünfarbstoffe unterliegen auf Grund ihrer leichten Überführbarkeit in farblose Additionsverbindungen (Bleichfixierbad) am schnellsten der Entfärbung. Untersuchungen haben gezeigt, daß bei Schwarz-Weiß-Bildern der Thiosulfatgehalt unter 1 mg/cm^2 und bei Farbbildern unter 0,05 mg/cm^2 liegen muß, um bei der praktischen Lagerung keine schädigende Wirkung hervorzurufen (Bestimmung von Thiosulfatresten in entwickelten Filmen: TGL 12303, Okt. 1961).

Verschiedentlich wird die Nachhärtung von Photomaterialien mit dem Fixiervorgang verknüpft. Sie wird erst am Ende des Entwicklungsprozesses durchgeführt, damit die Diffusionsvorgänge in den Bädern und Wässerungen durch die zusätzliche Härtung nicht verzögert werden. Als Härtungsmittel dienen, wie bereits beschrieben, vorwiegend Chrom- und Aluminiumsalze. Da auch die Fixiergeschwindigkeit unter dem Zusatz von Härtungsmittel leidet, ist seine gesonderte Anwendung in einem Nachbad üblicher als die Kombination mit dem Fixierbad.

16. Photographisches Material mit geändertem Entwicklungsprinzip

Das in den Kapiteln 13. bis 15. beschriebene, gewissermaßen klassische Entwicklungsverfahren für Schwarz-Weiß- und Farbfilme ist in den letzten Jahrzehnten durch andere Möglichkeiten der Bildherstellung ergänzt worden. Die Photographie auf Silberhalogenidbasis hat dadurch eine Erweiterung ihres Anwendungsbereiches und die Möglichkeit zu extrem schneller Entwicklung erhalten.

16.1. Silbersalzdiffusionsverfahren

Wie bereits mehrfach beschrieben, ist die ausgeprägte Adsorptionstendenz von Silberionen an Silberkeime eine der wichtigsten Voraussetzungen für den Ablauf des photographischen Prozesses (S. 54).

$$Ag_{x\,Keim} + Ag^{\oplus} \rightarrow Ag_{(x+1)\,Keim}{}^{\oplus} + \ominus \rightarrow Ag_{(x+1)\,Keim}$$

Dieses Adsorptionsbestreben ist auch die Grundlage für alle Silbersalzdiffusionsverfahren mit ihren erstaunlichen Möglichkeiten.

Gleichzeitig und unabhängig voneinander haben E. Weyde [111] und A. Rott das Silbersalz-Diffusionsverfahren entdeckt und praktisch nutzbar gemacht.

Das Grundprinzip ist der innige Kontakt zwischen einer Emulsionsschicht mit normalem Aufbau und einer Bildempfangsschicht während der Entwicklung. Nach ihrer Belichtung wird die Emulsionsschicht, sofern der Entwickler (z. B. Hydrochinon) nicht von vornherein in sie eingelagert ist, mit einer konzentrierten Alkali-Entwicklerlösung befeuchtet und mit der Bildempfangsschicht zusammengepreßt. Die Bildempfangsschicht enthält einerseits ein Silberlösungsmittel, meist Thiosulfat, und andererseits Silberkeime (kolloidales Silber in feinster Verteilung) bzw. Substanzen, die mit Silberionen Keime (z. B. Ag_2S) bilden. An den Stellen der Emulsionsschicht, die nicht belichtet sind, an denen also die Silberhalogenidkristalle nicht reduziert werden, löst sich das Silberhalogenid mit Hilfe von Thiosulfat als Komplexsalz. Es diffundiert in die Bildempfangsschicht, in der es sofort von den Silberkeimen adsorbiert und von dem vorhandenen Entwickler reduziert wird. Auf diese Weise entsteht ein Silberionenkonzentrationsgefälle von der Emulsions- zur Bildempfangsschicht, durch das, ähnlich der physikalischen Entwicklung, ein ständiges Wachsen der Silberkeime an den Stellen in der Bildempfangsschicht gewährleistet ist, an denen in der Emulsionsschicht kein oder wenig Silber entwickelt wird. Der Diffusions- bzw. Entwicklungsvorgang wird durch das Abziehen der Bildempfangsschicht von der Emulsionsschicht unterbrochen. In der Empfangsschicht ist ein positives Bild entstanden. Die Schwärzung des Bildes ist infolge der kompakten Abscheidung des Silbers unbefriedigend. Sie tendiert von Gelb nach Braun und muß durch Zusatz von Substanzen verbessert werden, die eine lockere Abscheidung des Silbers, ähnlich der chemischen Entwicklung, verursachen (die gleichen Verbindungstypen wie bei Klarhaltern). Die Empfangsschicht enthält nach der Entwicklung noch Thiosulfat, Alkali und Entwickler. Bei trockener Lagerung halten sich solche Kopien ohne Wässerung mehrere Jahre, weil das Alkali die oxydierende Wirkung des Thiosulfates unterdrückt. Lediglich eine schwache Vergilbung des Papiers durch Verharzung der Entwickleroxydationsprodukte tritt ein.

Die Vermeidung der Wässerung und der nur einige Sekunden dauernde Entwicklungs- und Diffusionsvorgang machen das Verfahren für die schnelle Anfertigung von Schriftkopien besonders geeignet.

Es ist das Verdienst von E. H. LAND, die Silbersalzdiffusion auch für Aufnahme-Materialien zugänglich gemacht zu haben. In der von ihm entwickelten Einminuten-Kamera wird der Negativ-Film belichtet. Während des Weitertransportes des Films durch ein Walzen-

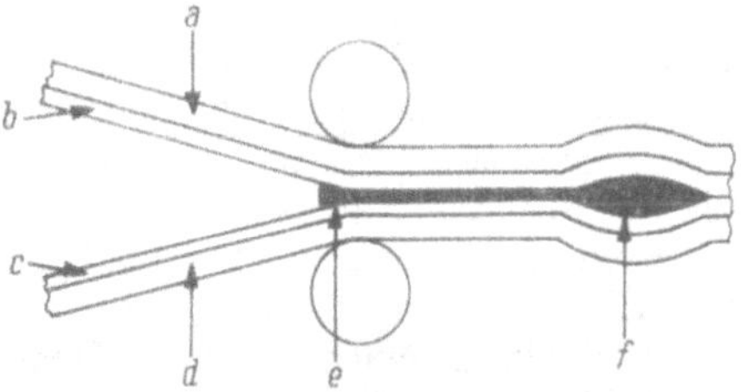

Abb. 38 Mechanismus der Bildherstellung bei der Einminutenkamera
a: Papierunterlage; *b*: Bildempfangsschicht; *c*: Emulsionsschicht; *d*: Cellitunterlage; *e*: Entwickler; *f*: Kunststoffbeutel

paar wird ein Kunststoffbeutel mit der hochviskosen Entwicklerlösung zerdrückt und gleichzeitig das Negativ mit der Bildempfangsschicht zusammengepreßt.

Nach 10 bis 20 Sekunden kann der Filmkamera das fertige Papierbild entnommen werden. Durch die Verwendung des nichtbelichteten Silberhalogenids für den Bildaufbau ist die Empfindlichkeitsausnutzung bei diesem Verfahren heute bei gleichzeitig schnellster Entwicklung höher als bei irgendeinem Schwarz-Weiß-Material mit normaler Verarbeitung.

16.2. Farbstoffdiffusionsverfahren

LAND ist es auch gelungen, ein Diffusionsverfahren für die Herstellung farbiger Bilder zu entwickeln. Dieses Verfahren ist so ideenreich, daß es, soweit aus Patenten bekannt, ausführlicher beschrieben werden muß, weil es in eindrucksvoller Weise zeigt, mit welcher Sicherheit man im molekularen Bereich eine Reihe von Reaktionsabläufen durch Diffusionsverzögerung steuern kann [112].

Das sogenannte Polacolor-Verfahren arbeitet hinsichtlich des Aufnahme-Materials mit der normalen Schichtanordnung. Unter jeder Emulsionsschicht befindet sich eine Gelatineschicht, die den zugehörigen Bildfarbstoff (Oberguß = blauempfindlich: Gelbe Gelatineschicht usw.) homöopolar an ein Entwicklermolekül gebunden enthält. Die Bildfarbstoffe haben bereits bei der Exponierung eine Funktion, sie absorbieren jeweils das Licht, das in der über ihnen liegenden Emulsionsschicht registriert wird und nicht in die nachfolgenden Schichten eindringen darf.

Nach der Belichtung einer solchen Negativschicht wird die alkalische Reagenzlösung zusammen mit der Bildempfangsschicht auf das Negativ gepreßt. Die Lösung dringt in das Negativ ein und macht in dem Maße, wie es eindringt, Entwickler + Bildfarbstoff beweglich. Durch eine diffusionshemmende Schicht ist dafür gesorgt, daß das Entwickler-Farbstoffmolekül nur in die über ihm liegende Emulsionsschicht diffundiert. Sofern es nicht auf belichtete Halogensilberkörner trifft, diffundiert es weiter in die Bildempfangsschicht. An den Stellen, an denen das Silberhalogenid belichtet wurde, findet Entwicklung statt. Der Entwickler wird oxydiert und durch Reaktion mit einer in der Schicht vorhandenen Substanz, zusammen mit dem Farbstoffmolekül diffusionsunfähig gemacht. Entsprechend bleiben die belichteten Stellen in der Bildempfangsschicht farblos oder zeigen komplementäre Farbigkeit, je nachdem, welche Schicht im Negativ belichtet wurde und Bildfarbstoff zurückhält. Die Tatsache, daß mit diesem Verfahren einwandfreie Farbbilder erhalten werden, beweist, daß die Diffusionsvorgänge in den einzelnen Emulsions- und den dazugehörigen Entwicklerschichten mit erstaunlicher Präzision von oben nach unten nacheinander ablaufen.

Die Bildempfangsschicht ist dreiteilig. Die oberste Schicht, die aus monomerem Kunststoff besteht, nimmt den Bildfarbstoff auf und verankert ihn mit Hilfe des reaktionsfähigen Entwicklermoleküls fest in der Schicht. Die zweite Schicht verzögert solange die Diffusion des Alkalis in die dritte Schicht, bis die Farbstoffdiffusion in die Bildempfangsschicht weitgehend abgeschlossen ist. Die dritte Schicht enthält organische Säuren, die bei Zutritt des Alkalis Wasser abspalten. Das Wasser ermöglicht seinerseits die Diffusion von Säuremolekülen in die Empfangsschicht, in der sie den monomeren Kunststoff polymerisieren und dadurch härten.

Der ganze Vorgang benötigt weniger als eine Minute Zeit und umgeht dadurch alle Schwierigkeiten bezüglich Schleier und Haltbarkeit, da kein Silber aus der Bildschicht entfernt zu werden braucht. Eine gewisse Grenze

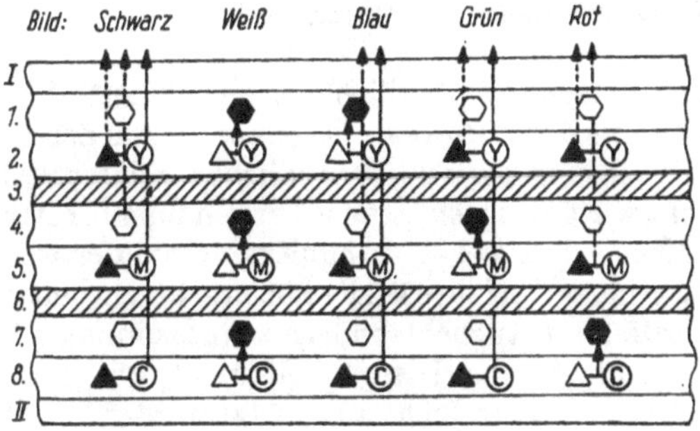

Abb. 39 Schematische Darstellung der Polacolor-Negativentwicklung (F. TOMAMICHEL, Phot. Inst. der E. T. H. Zürich)

I – Reagenzschicht; *1* – Blauempfindliche Silberhalogene; *2* – Entwickler, an Gelb gebunden; *3* – Zwischenschicht; – *4* grünempfindliche Silberhalogene: *5* – Entwickler, an Purpur gebunden; *6* – Zwischenschicht; *7* – rotempfindliche Silberhalogene; *8* – Entwickler, an Grünblau gebunden; *II* – Filmträger.

○ – unbelichtetes Korn; ● – belichtetes Korn; ▲–○ – freies Molekül (Farbstoff mit unverbrauchtem Entwickler); △–○ – zurückgehaltenes Molekül (Farbstoff mit verbrauchtem Entwickler)

·············→ Diffusionsweg des Gelbfarbstoff-Entwicklermoleküls (Y)

– – – – → Diffusionsweg des Purpurfarbstoff-Entwicklermoleküls (M)

————→ Diffusionsweg des Blaugrünfarbstoff-Entwicklermoleküls (C)

scheint dem Verfahren nur dadurch gesetzt zu sein, daß, wie beim klassischen Farbfilm-Verfahren, die Schärfe mit zunehmendem Diffusionsweg des Entwickleroxydationsproduktes bzw. des Bildfarbstoffes abnimmt. Günstig wirkt sich die Tatsache aus, daß man bei Aufsichtsbildern im Vergleich zu Durchsichtsbildern infolge der doppelten Lichtabsorption in der Farbschicht weniger als die halbe Farbstoffmenge benötigt, um ausreichend gedeckte Bilder zu erhalten. Ein entscheidender Vorteil des Verfahrens gegenüber dem klassischen ist die Möglichkeit der Verwendung lichtechterer Bildfarbstoffe, weil von ihnen keine hohe Reaktionsfähigkeit während der Entwicklung verlangt wird.

16.3. Silberfarbbleichverfahren

Die geringe Empfindlichkeit des Silberfarbbleichverfahrens, die durch die hohe Eigenabsorption der bereits bei der Belichtung im Film befindlichen Bildfarbstoffe verursacht wird, hat bisher seine Verwendung für Aufnahme- und Kopierfilmzwecke verhindert, zumal der wesentliche Vorteil dieses Verfahrens, die hohe Lichtechtheit der Bildfarbstoffe, nur Aufsichtsbildern zugutekommt, nicht aber Durchsichtsbildern (Dias, Spielfilmen), die in der Regel nur kurzzeitig dem Licht ausgesetzt werden. Die Verwendungsgebiete für dieses Verfahren sind deshalb Herstellung von Papierbildern, vor allem von Farbdiapositiven als Kopiervorlagen, weil es sich um ein Direktpositivverfahren handelt, und großformatige Aufsichts- und Durchsichtsbilder für Werbezwecke.

Der Aufbau des Silberfarbbleichmaterials ist der gleiche wie beim chromogenen Verfahren (Abb. 2), nur daß die Gelbfilterschicht wegfällt, weil der Oberguß bereits gelb gefärbt ist und daß alle Emulsionsschichten Überzüge tragen. Anstelle der Kuppler sind Azofarbstoffe mit breitem Absorptionsmaximum und steilen -flanken (Abb. 40), also günstigeren Absorptionseigenschaften, als sie die Azomethine besitzen (vergleiche Abb. 40 mit Abb. 19), und dadurch hoher Farbsättigung in die Emulsion diffusionsfest eingebettet.

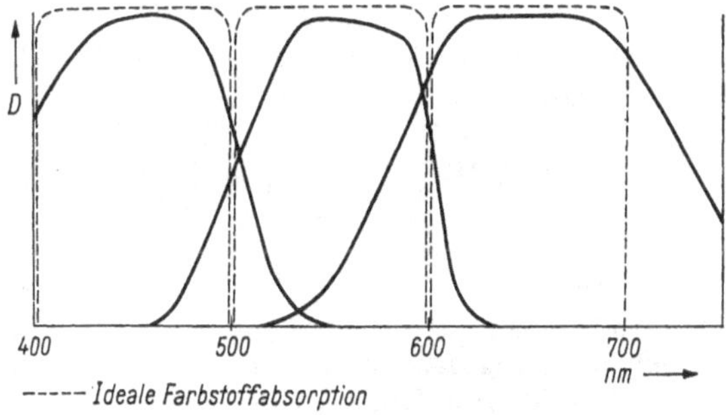

Abb. 40

Die Diffusionsfestigkeit kann entweder durch Fettreste oder durch reaktive Gruppen wie Cyanurchlorid (Reaktivfarbstoffe) oder durch Beizmittel sichergestellt werden. Obwohl die beiden ersten Methoden sicherer sind, die Reaktivfarbstoffe gehen sogar eine homöopolare Bindung mit der Gelatine ein, werden sie kaum benutzt, weil die bei der Farbbleichung entstehenden Amine nur zu 50% ausgewaschen werden. Es besteht die Gefahr, daß die in der Schicht verbleibenden Amine durch Oxydation im Lauf der Zeit zur Vergilbung der Papierbilder führen. Bei den Beizmitteln handelt es sich vorwiegend um langkettige Guanidine oder Bisguanidine, die als schwache Basen mit den sauren Azofarbstoffen (Molekulargewicht 1000) schwerlösliche Salze bilden, die auf Grund ihrer Größe diffusionsfest sind. In den sauren Entwicklungsbädern hydrolysieren diese Salze, so daß die Amine leicht auswaschbar werden.

Nach TGL 16-660, Dez. 1969, ist die Lichtechtheit von Farbstoffen in acht Stufen unterteilt. Die Azomethinfarbstoffe erreichen nur die Lichtechtheit der Stufe 1, höchstens 2, während die Azofarbstoffe bei Stufe 5, zum Teil sogar bei Stufe 6 liegen, also die Lichtechtheit guter Textilfarbstoffe besitzen.

Die Entstehung des farbigen Bildes erfolgt nicht durch Farbstoffaufbau wie bei der chromogenen Entwicklung, sondern im Gegensatz dazu durch Farbstoffzerstörung. Azofarbstoffe oxydieren in stark saurem Milieu Silber und werden dabei selbst unter Entfärbung zu Aminen reduziert.

$$\underset{\text{Azofarbstoff}}{R_1{-}N{=}N{-}R_2} + 4\,Ag \xrightleftharpoons{HCl} \underset{\text{Hydrazoverb.}}{R_1{-}NH{-}NH{-}R_2}$$

$$\xrightleftharpoons{HCl} \underset{\text{Amine}}{R_1NH_2 + R_2NH_2} + 4Ag^+$$

Dieser Vorgang, die Farbbleichung, ist eine Gleichgewichtsreaktion, die erst dann quantitativ in der gewünschten Richtung nach rechts abläuft, wenn dafür gesorgt wird, daß durch Komplexbildung die Silberionen laufend aus dem Gleichgewicht entfernt werden:

$$2\,Ag^+ + 6\,\underset{\text{Thioharnstoff}}{S{=}C(NH_2)_2} + H_2SO_4$$

$$\rightarrow [Ag_2(S{=}C(NH_2)_2)_6]SO_4 + 2H^+$$

Wenn das Farbbleichbad, das aus 40 bis 75 g Thioharnstoff, 60 bis 100 g KBr, 50 bis 100 ml konz. HCl oder konz. H_2SO_4 und 1 bis 2 mg Katalysator pro 1 Liter Lösung besteht, nicht sauer genug ist, dann bleibt die Farbstoffreduktion bei der Hydrazostufe stehen.

Die Reduktionsreaktion wird durch das feinverteilte Bildsilber katalysiert, das seinerseits nach bildmäßiger Belichtung durch eine normale S/W-Entwicklung, zum Beispiel Phenidon—Hydrochinon, entsteht. Nach der S/W-Entwicklung wird fixiert, um alle Silberionen zu beseitigen, und gehärtet, um die Schichten widerstandsfähig gegen die anschließenden sauren Bäder zu machen. Es folgt die Farbbleichung, bei der an den Stellen, an denen metallisches Silber vorhanden ist, Bildfarbstoff gebleicht wird und zwar um so mehr, je größer die Silbermenge ist. Hohe Belichtung (viel Silber) ist gleichbedeutend vollständiger Entfärbung, das heißt aus dem negativen S/W-Bild entsteht bei der Farbbleichung ein positives Farbbild. Die Farbbleichung erfolgt nicht unter Ausnutzung des gesamten Bildsilbers. Sie wird vorher abgebrochen, um flache Gradation und hohe Maximaldichte zu erzielen. Den Abschluß der Entwicklung bilden wie üblich Silberbleichung und Fixierung.

Nach Gaspar kann die Farbbleichung durch eine Verbindungsklasse katalysiert werden, die sich von den folgenden Grundkörpern ableitet.

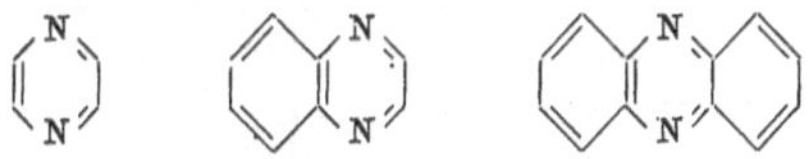

Pyrazin Chinoxalin Phenazin

Sowohl das Silber, als auch die Bildfarbstoffe sind in der photographischen Schicht kaum beweglich, deshalb können Substanzen wie die vorstehenden, die leicht und reversibel in Dihydroverbindungen übergehen, als Elektronenüberträger vom Silber zum Farbstoff fungieren und dadurch die Reduktion beschleunigen, besonders, wenn sie durch entsprechende Substituenten gut wasserlöslich sind.

17. Photographische Verfahren ohne Halogensilber

Es gibt eine große Anzahl lichtempfindlicher Systeme, auf denen man photographische Verfahren aufbauen kann. Keines dieser Verfahren übersteigt bis heute die Empfindlichkeit des Halogensilberprozesses [114]. Sie liegen im Gegenteil meist in ihrer Empfindlichkeit mehrere Größenordnungen niedriger und werden daher nur für Kopier- und Druckzwecke eingesetzt. Die Arbeitsprinzipien der bekanntesten Verfahren sollen im folgenden etwa in chronologischer Reihenfolge zusammengestellt werden.

17.1. Lichtgerbung [115]

Die Photographie mit Chromsalzen ist fast so alt wie die mit Silbersalzen. F. Talbot fand 1852, daß Chromsalze, deren Lichtempfindlichkeit schon länger bekannt war, wenn sie in eine Gelatineschicht eingelagert sind, an den belichteten Stellen härtend oder gerbend auf die Gelatine wirken. Badet man nach der Belichtung die Gelatineschicht in warmem Wasser, so löst sich die Gelatine nur an den unbelichteten Stellen. Zurück bleibt ein Relief des aufgenommenen Bildes.

In der Praxis stellt man eine 50 bis 100 μm dicke Gelatineschicht her, die man mit Pigmenten, wie z. B. Ruß, Eisenoxyd oder Indigo einfärbt (Pigmentpapier). Erst vor seinem Gebrauch wird das Pigmentpapier durch Baden in einer 1 bis 5%igen Kaliumbichromatlösung sensibilisiert. Je höher die Bichromatkonzentration ist, um so flacher wird die Gradation des Papieres. Während der Belichtung dringt die Gerbung um so tiefer in die Gelatineschicht ein, je mehr Licht auf eine Stelle der Schicht fällt. Beim anschließenden Auswaschen der Gelatine bleiben nur die Stellen der Schicht stehen, die weitgehend durchgegerbt sind. Die schwach gegerbten Stellen und damit die Halbtöne des Bildes gehen verloren. Man vermeidet diesen Fehler, indem man die belichtete Schicht mit einem Übertragungspapier, auf dem die Pigmentschicht besser haftet als auf seiner Unterlage, zusammenpreßt, in kaltem Wasser badet und dann das Übertragungspapier wieder abzieht. Die belichtete Schicht haftet jetzt mit der Seite, welche die Halbtöne trägt, fest auf dem Übertragungspapier. Beim Auswaschen der löslichen Gelatine bleiben die Halbtöne erhalten.

Es gibt eine große Anzahl von Abwandlungen des Verfahrens zur Ausnutzung der Lichtgerbung, z. B. den Öldruck. Wird die Chromgelatineschicht nach der Belichtung mit kaltem Wasser behandelt, so quellen nur die unbelichteten Teile und nehmen im Gegensatz zu den belichteten Stellen keine fetten Farben (Ölfarben) an. Die eingefärbte Schicht zeigt ein zum Abdruck geeignetes, positives Bild.

17.2. Blaupausen

Eisen(III)-salze, insbesondere Salze der Oxal-, Wein- und Zitronensäure werden durch Lichteinwirkung zu Eisen(II)-salzen reduziert. Das entstandene latente Bild kann auf verschiedene Weise sichtbar gemacht werden. Eisenferrocyanid reagiert mit dem unbelichteten Eisen (III)-salz unter Entstehung eines positiven Bildes (Berliner Blau). Kaliumferricyanid führt zu einem negativen Bild (THURNBULLS Blau). Tannin oder Gallussäure ergeben ein positives Tintenbild, reagieren also mit dem Eisen(III)-salz.

17.3. Diazotypie [116]

Auch unter den organischen Substanzen gibt es eine große Anzahl, die lichtempfindlich sind. Für Kopierzwecke in großem Umfang praktisch genutzt werden aber bis heute nur die Diazoniumsalze. Sie zersetzen sich bei Lichteinwirkung unter Stickstoffabspaltung. R. KÖGEL hat 1917 mit der Entdeckung der Diazoanhydride Verbindungen gefunden, deren Lichtempfindlichkeit ausreicht, um ein praktisches Kopierverfahren darauf aufzubauen (Lichtpausen).

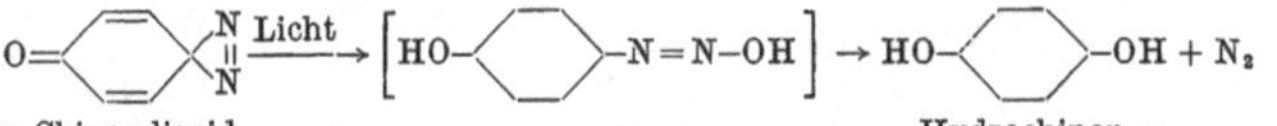

p-Chinondiazid Hydrochinon

Das durch Lichteinwirkung entstandene Bild wird einfach dadurch sichtbar gemacht, daß man die Schicht, die neben dem Diazoniumsalz Phenole oder Amine enthält, Ammoniakdämpfen aussetzt. Das nichtzersetzte Diazoniumsalz kuppelt mit Phenol oder Amin unter

Bildung von Azofarbstoffen. Es entsteht ein positives Bild (Lichtpauspapier, Empfindlichkeit TGL 143-411, Sept. 1966; trockene Entwicklung TGL 22139, Juni 1967; Diazofilm, Empfindlichkeit TGL 26438, Juli 1971; Dichtebestimmung TGL 26438 Blatt 2).

Ebenfalls mit lichtempfindlichen Diazoniumsalzen arbeitet der etwa vor zwanzig Jahren entdeckte Kalvarprozeß (Vesikularverfahren) [117]. Die Diazoniumsalze werden in eine thermoplastische Hochpolymerenschicht eingelagert. Die Entwicklung besteht aus einer Erwärmung auf 120°C, bei der das plastische Material erweicht und sich die bei der Belichtung entstandenen Stickstoffbläschen ausdehnen. Die in der Schicht außerdem vorhandenen kristallinen Substanzen ordnen sich als feste Schale um die Hohlräume an und bilden relativ große und beständige Streuzentren. Das sichtbare Bild entsteht nicht durch Absorption, sondern durch Streuung des Lichtes. Dadurch kann man je nach den Betrachtungsbedingungen den gleichen Film als Positiv oder Negativ sehen.

17.4. Wärmekopie

Eins der einfachsten photographischen Verfahren, allerdings mit nur geringem Auflösungsvermögen, ist die Bildentstehung durch Wärmeeinwirkung. In der lichtempfindlichen Schicht befinden sich z. B. Nitrosamine und aromatische Amine, die durch Erwärmung Azofarbstoff bilden [118]

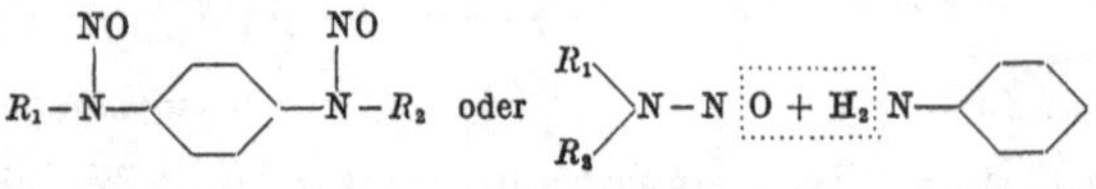

Die bildmäßige Erwärmung wird durch Infrarotbelichtung der Schwarz-Weiß-Vorlage, die sich in engem Kontakt mit der wärmeempfindlichen Schicht befindet, erreicht. Die Schriftzeichen der Vorlage müssen möglichst gut Wärmestrahlen absorbieren, also z. B. aus einem dunklen Pigment wie dem Ruß der Druckerschwärze bestehen.

Das „Thermofax“-Verfahren verwendet als wärmeempfindliche Schicht Gemische aus fettsauren Eisen- oder anderen Schwermetallsalzen und Gallussäure in einem wachsartigen Medium. Bei der Belichtung schmilzt das Wachs in unmittelbarer Nähe der erhitzten Schriftzeichen, die beiden Komponenten können zu schwarzgefärbtem Eisengallat miteinander reagieren.

Eine weitere Möglichkeit ist die Verwendung hochsubstituierter Polyamide als Schichtbildner. Das latente Bild wird in diesem Fall sichtbar gemacht, indem man über die Kunststoffschicht ein Gemisch aus Glaskügelchen, Harzpulver und Ruß rieseln läßt. An den durch Belichtung erweichten Stellen haften Harz und Ruß und werden durch nochmaliges Erwärmen der Schicht wischfest eingeschmolzen.

17.5. Photopolymerisation [114, 119]

Monomere Vinylverbindungen lassen sich durch Licht in Gegenwart von Eisen(III)-salzen, von Silberhalogeniden oder organischen Farbstoffen als Katalysatoren polymerisieren. In allen drei Fällen entstehen an den belichteten Stellen bei der Entwicklung Radikale, die die bildmäßige Polymerisation einleiten. Am Beispiel der Eisensalze sei die Reaktion erläutert. Die belichtete Schicht wird mit Wasserstoffsuperoxid behandelt. An den belichteten Stellen reagiert das bei der Belichtung zu $Fe^{\oplus\oplus}$ reduzierte Eisen(III)-salz mit H_2O_2 unter Bildung von $HO^{\cdot}$-Radikalen, die ihrerseits die Vinylverbindung polymerisieren.

$$Fe^{\oplus\oplus} + H_2O_2 \rightarrow HO^{\cdot} + OH^{\ominus} + Fe^{\oplus\oplus\oplus}$$

Durch kurzes Auswaschen der Schicht mit warmem Wasser erhält man ein Reliefbild mit hohem Auflösungsvermögen.

17.6. Lichtempfindliches Glas [120]

In dem in reduzierendem Milieu geschmolzenen Glas befinden sich Cer(III)- und Gold(I)-Ionen. Die Cer-III-Ionen absorbieren ultraviolettes Licht unter Abgabe eines Elektrons:

$$Ce^{\oplus\oplus\oplus} + h\nu_{UV} \rightarrow Ce^{\oplus\oplus\oplus\oplus} + e^{\ominus}$$

Das verhältnismäßig bewegliche Elektron neutralisiert das am nächsten liegende Goldion unter Bildung eines Goldatoms.

$$e^{\ominus} + Au^{\oplus} \rightarrow Au$$

Die zunächst unsichtbaren Goldatome koagulieren durch Erwärmung der Glasplatte auf 600 °C zu größeren Teilchen, die das aufbelichtete Bild sichtbar machen.

17.7. Silberazid und Arylamin-Tetrabromkohlenstoff

Zwei Verfahren seien noch erwähnt, die bis heute keine praktische Verwendung gefunden haben, aber theoretisch interessant sind.

J. Eggert [114] hat eine photographische Schicht aufgebaut, in der sich in feiner Verteilung Substanzen befinden, die unter Lichteinwirkung (UV) explodieren. Am empfindlichsten haben sich Jodstickstoff ($NJ_3 \cdot NH_3$) und Silberazid (Ag_3N) erwiesen. Das belichtete Bild ist sofort sichtbar und kann bei Verwendung von Silberazid durch normale photographische Entwicklung verstärkt werden.

Tetrabromkohlenstoff kann zusammen mit Diphenylamin in eine Polystyrolschicht eingelagert werden [93]. Bei Belichtungen, die in der Größenordnung des Diazotypie-Verfahrens liegen, färbt sich die Schicht blau. Es entsteht aus einem Molekül CBr_4 und drei Molekülen $(C_6H_5)_2NH$ ein Triphenylmethanfarbstoff. Die Stabilisierung erfolgt durch Herauslösen des nichtverbrauchten Tetrabromkohlenstoffs aus der Schicht.

Am Schluß sei noch auf die photophysikalischen Verfahren hingewiesen [120]. Vor allem seien die Xerographie, die Evaporoskopie, das Eidophor- und das Ampex-Verfahren genannt. Diese Verfahren übersteigen die Empfindlichkeit der vorstehend geschilderten chemischen um ein Vielfaches. Sie reichen zum Teil an die Empfindlichkeit der schnellsten (empfindlichsten) Halogensilberschichten heran. Ihr wichtigstes Anwendungsgebiet ist die Reproduktion und das Fernsehen.

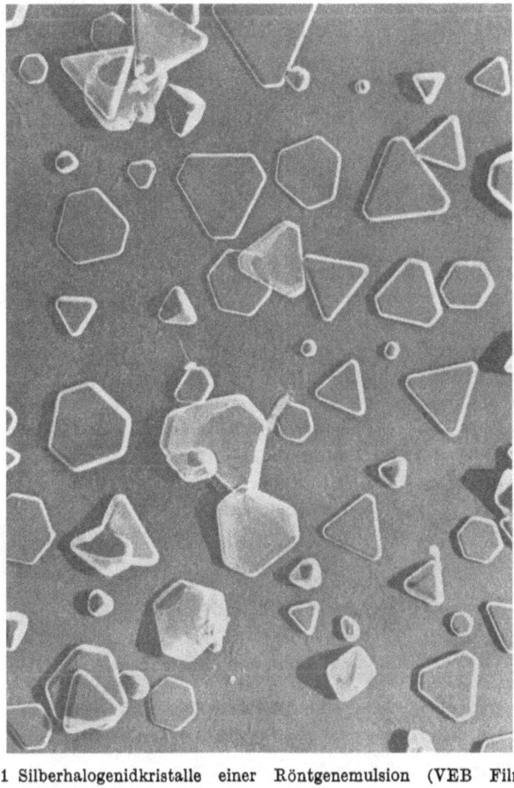

Abb. 41 Silberhalogenidkristalle einer Röntgenemulsion (VEB Filmfabrik Wolfen, M. SCHARF)

Literaturverzeichnis

[1] EGGERT, J., Sonderdruck aus „100 Jahre Schleussner"; Herausgeber: G. HAASE und H. SCHLEUSSNER

[2] CHIBISOV, K. V., Phot. Korrespondenz. 5. Sonderheft Verlag Dr. Othmar Helwich, Darmstadt und Wien, 1962

[3] SCHULTZE, W., Farbenphotographie und Farbfilm; Springer-Verlag, 1953

[4] WATTER, O., Bild und Ton **14** (1961), 70

[5] MEES, C. F. K., und JAMES, T. H., The Theorie of the Photographie Process New York: The Macmillan Co. 1966

[6] DIETERLE, W., Agfa Veröff. **VI** (1939), 1

[7] MEYER, K., Z. wiss. Phot. **52** (1958), 170

[8] EGGERT, J., HEYMER, G., Agfa-Veröff. **V** (1937), 7

[9] FISCHER, R., DRP 153335, Phot. Korr. **50** (1914), 18

[10] WILMANNS, KUMETAT, FRÖHLICH, SCHNEIDER, BRODERSEN, FR. P. 810401 (1936)

[11] MARTINEZ, E. P. 505834 (1937)

[12] FRIEDMANN, J. S., Historie of Colorphotographie, The Focal Press, London 1968

[13] WENDT, B., USP 2168182 (1937)

[14] GODOWSKY, L., USP 2698794 (1950)

[15] TULAGIN, V., JACKSON, R., D. A. S. 1055950

[16] DODT, E., Die Naturwissenschaften **49** (1962), 530

[17] MÜLLER-LIMMROTH, H. W., Naturwiss. **43** (1956), 337

[18] WALD, G., Angew. Chem. **80** (1968), 857

[19] SCHOBER, H., Kino-Techn. **18** (1964), 113

[20] FÖTZSCH, A., Studium Generale **13** (1960), 504

[21] HANSEL, C. E. M., J. Phot. Sci. **9** (1961), 290

[22] GERTH, E., Bild und Ton **16** (1963), 296

[23] KLEIN, E., Z. Elektrochem. **62** (1958), 1000

[24] EGGERT, J., Lehrbuch der physikalischen Chemie Leipzig; Verlag v. S. Hirzel, 1944 (Neuaufl.)

[25] EGGERT, J., Chimia **15** (1961), 283

[26] MITCHELL, J. W., J. Phot. Sci. **9** (1961), 328

[27] Waidelich, W., Z. Wiss. Phot. **57** (1963), 81
[28] Klein, E., Matejec, R., Agfa-Veröffentlichungen Leverkusen—München **II** (1958), 14
[29] Galasin, E. A., Sencenkov, E. P., Dokl. Akadem. nauk. **185** (1969), 115
[30] Frieser, H., Klein, E., Agfa-Veröffentlichungen Leverkusen—München **I** (1955), 1
[31] Hamano, Y., Sasaki, M., Kikuchi, S., Phot. Sensitivity, 3rd Tokyo, Symposium, Maruzen Ltd. (1963), 63
[32] Eggert, J., Z. wiss. Phot. **62** (1968), 25
[33] Chibisov, K. V., Broun, Z. L., Uspech. nauk. Fotogr. **13** (1968), 22
[34] Ulmann, M., Acetylcellulose, Folien und Filme, Halle: Verlag W. Knapp, 1932
[35] Schnell, H., Angew. Chem. **68** (1956), 633
[36] Philipp, B., Grundlagen der makromolekularen Chemie, Berlin: Akademie-Verlag, 1964
[37] De Keyser, L. F. et al., D. A. S. 1282453 vom 8. 6. 62
[38] Eastman Kodak Co., FR 1557551 vom 31. 3. 67
[39] Wood, H. W., J. Phot. Sci. **9** (1961), 151
[40] Birr, E.-J., GB 442731 vom 13. 8. 1934
[41] Bassignana, P. et al., J. Phot. Sci. **10** (1962), 50
[42] Ohkubu, K., Phot. Sci. a. Engng. **5** (1961), 30
[43] Glafkidès, P., Photographic Chemistry, Fountain Press London, 1958, Kap. XVII—XX
[44] Ward, A. G., J. Phot. Sci. **9** (1961), 56
[45] Jolley, J. E., Phot. Sci. Ing. **14** (1970), 169
[46] Pouradier, J., Sci. et Ind. **33** (1962), 3
[47] Walther, D., Agfa Band **IX** (1961), 194 (S. Hirzel-Verlag)
[48] Fuchs, E., Adhäsion **7** (1962), 332
[49] De Pauw, A., Phot. Korrespondenz **100** (1964), 22
[50] Ammann-Brass, H., Phot. Korr. **107** (1971), 120
[51] Fuchs, E., Adhäsion **4** (1963), 160
[52] Faelens, P., Phot. Korresp. **98** (1962), 3; Walther, D., Veröffentlichungen d. Wiss. Phot.-Laboratorien — Wolfen, Band X (1965), 23
[53] Birr, E.-J., Z. Wiss. Phot. **47** (1952), 1
[54] Birr, E.-J., Agfa Band **VIII** (1954), 49 (S. Hirzel-Verlag, Leipzig)
[55] Birr, E.-J., Chimia **24** (1970), 125
[56] Matejec, R., Scheibitz, M., D. O. S. 1924532 vom 14. 5. 1969

[57] DÖRR, F., Umschau (1960), 588
[58] WOLFF, H., Fortschr. chem. Forsch. 3, S. 503 Springer-Verlag, Berlin/Göttingen/Heidelberg, 1955
[59] ZWICKY, H., Chimia **15** (1961) 300
[60] RIESTER, O., Ullmann, 3. Auflage 14. Band, S. 310–337
[61] CARROLL, B. H., Phot. Sic. a. Engng. **5** (1961), 65
[62] DÄHNE, S., Z. Chem. **10** (1970), 133
[63] BACH, G., Agfa Band IX (1961), 94, S. Hirzel-Verlag, Leipzig
[64] KLEIN, K., MATEJEC, R., Phot. Korr. **101** (1965), 3
[65] ARENS, H., Farbenmetrik, Akademie-Verlag Berlin, 1951
[66] CREDNER, H. A. et al., BE. A. S. 747782 vom 28. 3. 1969
[67] JELLEY, E., VITTUM, P. W., U. S. P. 2322027 vom 26. 12. 1940
[68] GB 749225, vom 31. 5. 1954
[69] BE, 602516 vom 12. 4. 61
[70] PELZ, W., Mitteilungen aus dem Forschungslaboratorium der Agfa Leverkusen–München Band III, 111, Springer-Verlag, Berlin/Göttingen/Heidelberg, 1961
[71] VITTUM, P. W., WEISSBERGER, A., J. Phot. Sci. **2** (1954), 81
[72] Agfa AG, U. S. P. 3061432 (1959)
[73] MARSCHANT, J. C. M., MOTTER, R. F., D. O. S. 1925359 vom 20. 5. 1968
[74] Agfa AG, D. A. S. 1155675 (1956)
[75] BARCHET, H. M., Habilitationsschrift der Math.-nat. Fakultät der Karl-Marx-Universität Leipzig, 1961
[76] ZWICK, D., J. Phot. Sci. **11** (1963), 269
[77] EGGERS, J., Agfa Leverkusen-München Band III, S. 81
[78] BRAND, B. P., J. Phot. Sci. **16** (1968), 1
[79] SENDE, W. D., Veröffentlichungen d. Wiss. Phot.-Laboratorien – Wolfen, Band X (1965), 237
[80] HANSON, W. T., USP 2449966 (1948)
[81] BÖCKLY, E., LÖFFLER, K., PELZ, W., PÜSCHEL, W., SCHELLENBERGER, H., Agfa Leverkusen-München Band III, Seite 100
[82] SMIRNOW, O. K., LEWI Ss. M., AWERBACH, K. O., J. Wiss. u. angew. Phot. und Kinematogr. (UdSSR) **4** (1959), 423
[83] LEWI, Ss. M., Fortschr. Wiss. Phot. (UdSSR) **VII** (1960), 170
[84] NISHIO, F., YONEYAMA, M., BE. A. S. 712297 vom 17. 3. 1967
[85] DUFFIN, G. F., Phot. Emulsionschemistry, The Focal Press London, 1966

[86] Selikmann, W. L., Fortschr. Wiss. Phot. (UdSSR) **VII** (1960), 161
[87] Fuchs, E., Adhäsion **5** (1961), 225
[88] Birr, E. J., Walther, W., D. A. S. 1090427 (1958)
[89] Schlockermann, W., D. P. (DDR) 7377 (1953)
[90] Eggert, J., Intern. Konferenz für Wiss., Phot. Köln 1956, Verlag Dr. Othmar Helwich, Darmstadt, 1958
[91] Eggers, J., Phot. Science von W. S. Berg. London: Focalpress 1963, Seite 207
[92] Jaenicke, W., Phot. Sci. and Engng. **6** (1962), 185
[93] Masson, L. F. A., Phot. Processing Chemistry, The Focal Press London, 1966
[94] Matejec, R., Phot. Korr. **107** (1971), 37
[95] Horrobin, S., Ramsay, D. W., J. Phot. Sci. **11** (1963), 145
[96] Bent, R. L., Dessloch, J. C., Duennebier, F. C., Fasset, D. W., Glass, D. B., James, T. H., Julian, D. B. Ruby, W. R., Snell, J. M. Sterner, J. H., Thirtle, J. R., Vittum, P. W., Weissberger, A., J. Am. Chem. Soc. **73** (1951), 3100
[97] Meissner, H. D., J. Phot. Sci. **19** (1971), 37
[98] James, T. H., Vanselow, W., Phot. Engng. **7** (1956), 90
[99] Rajka, G., Blohm, S. G., Acta Dermato-Venerol **50** (1970), 51
[100] Raasch, M. S., J. Am. Chem. Soc. **75** (1953), 2950
[101] Eggers, J., Chimia **15** (1961), 499
[102] Zuidema, J. W., J. Soc. Mot. Pict. Tel. Engng. **72** (1963), 485
[103] Hersh, S. L., Smith, F., Phot. Sci. Engng. **5** (1961), 48
[104] Townley, E. R., Phot. Sci. Engng. **6** (1962), 26
[105] Sutherns, E. A., J. Phot. Sci. **9** (1961), 217
[106] Kirilow, N. J. et al., Fortschr. d. Wiss. Phot. (UdSSR) **VII** (1960), 231
[107] Heilmann, M. von, Brachel, H., Holtschmidt, H., D. A. S. 1146363 (1960)
[108] Mutter, E., Photo-Techn. u. Wirtsch. **10** (1960), 368
[109] Henn, R. W., King, N. H., Phot. Sci. Engng. **5** (1961), 46
[110] Ganguin, K. O., J. Phot. Sci. **9** (1961), 172
[111] Weyde, E., Agfa Leverkusen-München Band I, 262 Springer-Verlag, Berlin/Göttingen/Heidelberg, 1955
[112] Land, E. H., Rogers, H. G., D. A. S. 1151176 (1957)
[113] Smethurst, P. C., Brit. J. Phot. 1949, 371
[114] Scheberstow, W. I., Zeitschr. Wiss. u. angew. Phot. und Kinematographie (UdSSR) **VII** (1962), 394

[115] MUTTER, E., Kompendium der Phot. III, Verlag für Radio-Photo-Kinotechnik GmbH, Berlin-Borgiswalde, 1963
[116] MUNDER, J., MORAW, R., Kolloquium Wiss. Phot. Zürich 1961, Sekt. IV Nr. 11, 1—16
[117] NIESET, R. T., J. Phot. Sci. **10** (1962), 188
[118] Kalle und Co., Österr. P. 214271 (1959)
[119] MUELLER, F. W. H., et al., Phot. Sci. Engng. **6** (1962), 222
[121] SPRAGUE, R. H., FICHTER, H. L., WAINER, E., Phot. Sci. Engng. **5** (1961), 98
[120] EGGERT, J., PHISTER, K., Chimia **15** (1961), 295

Sachverzeichnis

In der gleichen Reihe erscheint 1973 schon in der 4. Auflage:

SIEGFRIED HAUPTMANN

Über den Ablauf organisch-chemischer Reaktionen

1973. 208 S. – kl. 8° – 8,– M
Best-Nr. 7600062 (7008)

Im Mittelpunkt der organischen Chemie steht die Zweiheit von Stoff und Reaktion. Ermöglicht die verwirrende Fülle schon bei den Stoffen kaum einen Überblick, so ist dies noch weniger bei den Reaktionen der Fall. Auf den ersten Blick unterschiedliche Reaktionen offenbaren jedoch ihre nahe Verwandtschaft, wenn die Art des Reaktionsablaufes (der Reaktionsmechanismus) untersucht wird. In diesem Band wird der Versuch gemacht, auf elementarer Grundlage Zusammenhänge zwischen den Reaktionen der verschiedenen Stoffklassen der organischen Chemie möglichst einprägsam zu verdeutlichen. Dadurch soll das Studium von Monographien über theoretische organische Chemie erleichtert werden.

Ihr Buchhändler hält alle
Wissenschaftlichen Taschenbücher für Sie bereit

AKADEMIE-VERLAG · BERLIN

Der Verfasser

- beschreibt aus der Sicht des organischen Chemikers die für die Entstehung eines photographischen Bildes wichtigen Reaktionen unter besonderer Berücksichtigung der Farbphotographie

- behandelt nach einem geschichtlichen Überblick Filmunterlage, Gelatine, Emulsion, Stabilisierung, Sensibilisierung, Farbkuppler, Maskenkuppler, Netzmittel, Härtungsmittel, Hilfsschichten, Filterfarbstoffe, Schwarz-Weiß- und Farbentwicklung sowie Bleich- und Fixiervorgänge

- gibt eine Übersicht über die Anwendungsmöglichkeiten des klassischen Verfahrens, sofern es sich hierbei um chemische Prozesse handelt

WISSENSCHAFTLICHE TASCHENBÜCHER

die Elektronen aus dem Entwickler aufnimmt, und die Kontaktstelle Keim—Kristall ist Katode, die die Silberionen aus dem Kristall entlädt. Die Nachlieferung von Silberionen erfolgt über Zwischengitterionen unter gleichzeitiger Destruktion des Gitters. Der Vorgang geht erst zu Ende, wenn der gesamte Kristall reduziert ist.

Entwicklungsfähigkeit besitzen alle organischen Verbindungen, Komplexverbindungen oder -salze und Metallionen, die reduzierende Eigenschaften haben, bzw. um es quantitativ auszudrücken, deren Redoxpotential in der Entwicklungslösung mindestens 100 mV niedriger liegt als das aus dem p Ag-Wert der Emulsionsschicht berechnete Potential [96]. Die Reduktionsfähigkeit darf andererseits eine bestimmte Stärke nicht überschreiten. Zinn II-Salze reduzieren z. B. unbelichtete Emulsion genau so schnell wie belichtete, sind also infolge ihres hohen Reduktionspotentials keine Entwickler mehr. Die obere Grenze für die Reduktionsfähigkeit von Entwicklern ergibt sich aus den Arbeiten von Fortmiller und James, nach denen die Aktivierungsenergie zur Reduktion unbelichteter Körner etwa doppelt so groß ist wie diejenige zur Reduktion belichteter Körner, die das latente Bild als Katalysator tragen.

Das Wesen eines Reduktionsmittels ist die leichte Abgabe von Elektronen, wodurch es in sein Oxydationsprodukt übergeht. Bei anorganischen Verbindungen und Komplexen handelt es sich meist um mehrwertige Metallionen, die leicht eine Stufe höherer Wertigkeit erreichen. Die organischen Verbindungen haben nach der Theorie der chemischen Bindung ein um so höheres Reduktionspotential, d. h. sie spalten um so leichter ein Elektron ab, je energiereicher das System der π-Elektronen im Molekül ist. Doppelbindungen und insbesondere konjugierte Doppelbindungen besitzen π-Elektronen, die durch Hinzufügung elektronenliefernder Substituenten (Substituenten 1. Art), wie vor allem NH_2- bzw. NR_1R_2- und OH-Gruppen, soweit aktiviert werden, daß sie als Reduktionsmittel wirken.

2. der Entwicklungsdauer (lange Entwicklung = geringere Deckkraft)
3. der Belichtung (mit steigender Belichtung nimmt die Deckkraft zu, weil die unempfindlicheren kleinen Silberhalogenidkristalle in zunehmendem Maße entwickelbar werden)
4. der Packungsdichte der Silberfäden (dichte Packung zum Beispiel durch Härtung führt zu geringer Deckkraft; Auflokkerung der Packung und damit Erhöhung der Deckkraft gelingt durch Zusatz von Hochpolymeren). Die Bedeutung der Deckkrafterhöhung dokumentiert sich in einer umfangreichen Patentliteratur.

Der Entwicklungsvorgang kann als heterogene Katalyse oder als elektrochemische Reaktion aufgefaßt werden. Bei der heterogenen Katalyse wirken die Entwicklungs-

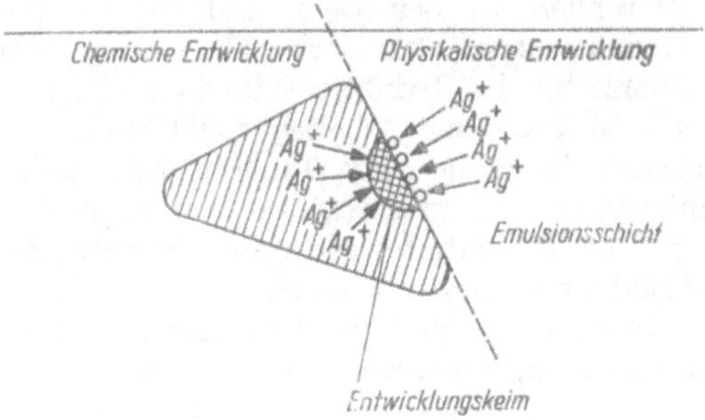

Abb. 35 Schematische Darstellung des Entwicklungsvorganges

keime der Silberhalogenidkristalle als Katalysatoren für die Reduktion der Silberionen (Abb. 35). Die Silberatome scheiden sich an den Keimen ab und die Vergrößerung der Keime ist gleichbedeutend einer Erhöhung ihrer katalytischen Wirksamkeit und damit einer Reaktionsbeschleunigung. Bei elektrochemischer Betrachtung des Vorgangs [94] läßt sich das System Kristall—Keim—Entwickler als kurzgeschlossenes galvanisches Element auffassen. Die Kontaktstelle Keim—Lösung ist Anode, die

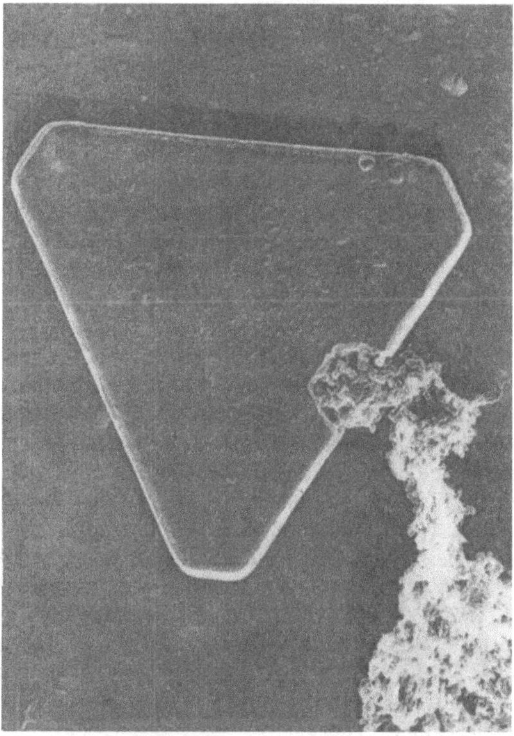

Abb. 34 Elektronenmikroskopische Aufnahmen chemisch anentwickelter Silberbromidkristalle (VEB Filmfabrik Wolfen, M. SCHARF)

Das Verhältnis von Schwärzung zu Silbermenge bezeichnet man als Deckkraft

$$\textit{Deckkraft} = \frac{\textit{Schwärzung}}{\textit{Silbermenge}}$$

Im allgemeinen ist die Deckkraft um so höher, je feiner die Verteilung des Silbers ist. Außer von der Teilchengröße des Silbers ist sie abhängig von

1. der Zusammensetzung des Entwicklerbades (chemische oder physikalische Entwicklung)

den Keim herangezogen. Das Silber lagert sich auf der Oberfläche des Keimes gleichmäßig ab, und es entstehen kompakte Silberkristalle ohne Vorzugsrichtung im Kristallbau (Abb. 33).

Dieser Vorgang, die sogenannte physikalische Entwicklung, benötigt zum Bildaufbau nur die Silberkeime des latenten Bildes, sie ist also auch durchführbar, wenn man vor der Entwicklung das gesamte Silberhalogenid durch Fixage aus der Emulsionsschicht entfernt. In der Schicht bleiben dann nur noch die nichtausfixierbaren, aus Silberatomen bestehenden Keime.

Je mehr man die Silberkonzentration der Lösung verringert, um so mehr ist der Keim bei seiner Vergrößerung auf die Nachlieferung von Silberionen aus dem Kristall angewiesen. Die Grenzfläche für die Reduktion, die bisher Keim/silberionenhaltige Entwicklerlösung war, verlagert sich zur Berührungsfläche Keim/Kristall. In diesem Fall gibt es eine bevorzugte Wachstumsrichtung. Der Keim wird aus dem Kristall herausgedrängt, er wächst häufig als Silberfaden in die umgebende Lösung hinein und verschlingt sich mit anderen, ebenso wachsenden Keimen des Kristalls zu knäuelartigen Gebilden. Dieser Vorgang wird als chemische Entwicklung bezeichnet (Abb. 34). Die Fadenbildung findet nur in Anwesenheit von Gelatine statt. Ohne Gelatine entstehen kompakte Silberkörner.

Da immer Silberionen in der Entwicklerlösung sind, gibt es eine reine chemische Entwicklung praktisch nicht. Im Gegenteil, es wird vielfach durch Zusatz silberhalogenidlösender Substanzen zum Entwickler der gleichzeitige Ablauf beider Reaktionsmöglichkeiten zur Verbesserung des Entwicklungseffektes gefördert.

Durch die physikalische Entwicklung erhält man sehr kleine Silberkörner aber, infolge der starken Konzentration des gebildeten Silbers auf einzelne Punkte, eine geringere Schwärzung als durch die chemische Entwicklung, bei der das reduzierte Silber fein verteilt ist.